国家职业技能鉴定考试指导手册

（理论知识和操作技能）

洗 衣 师

中 级

中国就业培训技术指导中心
劳动和社会保障部职业技能鉴定中心
组织编写

中国财政经济出版社

图书在版编目（CIP）数据

洗衣师：中级/中国就业培训技术指导中心，劳动和社会保障部职业技能鉴定中心组织编写. —北京：中国财政经济出版社，2008. 5

（国家职业技能鉴定考试指导手册）

ISBN 978 - 7 - 5095 - 0629 - 5

Ⅰ. 洗…　Ⅱ. ①中…　②劳…　Ⅲ. 服装 - 洗涤 - 职业技能鉴定 - 自学参考资料
Ⅳ. TS973. 1

中国版本图书馆 CIP 数据核字(2008)第 052825 号

中国财政经济出版社出版

URL：http：//www. cfeph. cn

E - mail：cfeph@ cfeph. cn

社址：北京市海淀区阜成路甲 28 号　邮政编码：100036

发行处电话：88190406　财经书店电话：64033436

北京富生印刷厂印刷　各地新华书店经销

787×1092 毫米　16 开　9 印张　183 000 字

2008 年 5 月第 1 版　2008 年 5 月北京第 1 次印刷

印数：1—3 000　定价：28. 00 元

ISBN 978 - 7 - 5095 - 0629 - 5/TS · 0004

（图书出现印装问题，本社负责调换）

国家职业技能鉴定考试指导手册

编审委员会

洗　衣　师

（中级）

主　　编：王淑媛
副 主 编：潘　炜　王厚增

前言

对劳动者实行职业技能鉴定，推行国家职业资格证书制度，是促进劳动力市场建设和发展的有效措施，关乎广大劳动者的切身利益，关乎企业发展和社会经济进步，对于全面提高劳动者素质和职工队伍的创新能力具有重要作用，也是当前我国经济社会发展，特别是就业、再就业工作的迫切要求。为此，原劳动部在1993年《职业技能鉴定规定》中要求：我国的职业技能鉴定实行统一命题原则，由劳动部组织建立职业技能鉴定国家题库网络。国家题库网络建设工作是我国职业技能鉴定质量保证体系中的关键环节之一，是保证鉴定工作质量、提高鉴定工作水平、加强鉴定工作管理力度的重要技术手段，是我国职业资格证书制度从普及向纵深发展的重要技术基础。劳动和社会保障部在1999年《关于启用职业技能鉴定国家题库的通知》中进一步要求：自国家题库公布后，全国范围内以发放中华人民共和国职业资格证书为最终手段的鉴定考核，其所用试题试卷一律从国家题库中提取。

国家题库的建立，对于保证本职业鉴定工作质量起着重要作用。为了使全国职业培训领域和职业技能鉴定领域的专家以及即将参加职业技能鉴定的学员对理论知识和操作技能考核试题库的建库目标、命题技术原理、考核内容结构和具体考核要求有一个全面的了解，劳动和社会保障部职业技能鉴定中心组织参与国家题库开发的命题专家，编写了与国家题库相配套的《国家职业技能鉴定考试指导手册》。该手册由“职业技能鉴定国家题库简介与复习注意事项”、“理论知识考试复习指导”和“操作技能考核复习指导”三个部分组成。手册主要介绍了国家题库的命题依据、试卷结构和题型题量，同时从国家题库中抽取部分理论知识与操作技能试题和试卷样例供考生参考和练习，便于考生能够有针对性地进行考前复习准备。手册与国家职业标准、国家职业资格培训教程、国家题库是相配套的，今后我们会随着国家职业标准、国家职业资格培训教程以及国家题库内容的不断更新，逐步对手册进行补充和完善。

本书在编写过程中，得到了有关专家的大力支持，在此一并表示感谢。

由于时间仓促，缺乏经验，书中难免有不足之处，恳请各使用单位和个人提出宝贵意见和建议。

《国家职业技能鉴定考试指导手册》
编审委员会

目录

第一篇　职业技能鉴定国家题库简介和复习注意事项

第二篇　理论知识考试复习指导

第三篇　操作技能考核复习指导

第一篇 职业技能鉴定国家题库简介和复习注意事项

ZHIYE JINENG JIANDING GUOJIA TIKU JIANJIE
HE FUXI ZHUYI SHIXIANG

第一部分

职业技能鉴定和国家题库简介

职业技能鉴定

◆ 职业技能鉴定是按照国家有关规定，对劳动者专业知识和技能水平进行客观公正、科学规范地评价与认证。

◆ 按有关规定，从事技术职业（工种）的从业人员或准备从事技术职业（工种）的人员，都可以申报参加职业技能鉴定。

◆ 职业技能鉴定一般分为理论知识考试和操作技能考核。理论知识考试一般采用闭卷笔试方式，操作技能考核多采用现场实际操作方式。技师以上级别还需进行综合评审。

◆ 职业技能鉴定理论知识考试和操作技能考核均实行百分制，成绩皆达 60 分以上者为合格。

◆ 职业技能鉴定合格者，可获得国家职业资格证书。

◆ 国家职业资格证书是劳动者专业知识和职业技能水平的证明，是进入就业岗位的凭证。

职业技能鉴定国家题库

职业技能鉴定国家题库是由劳动和社会保障部组织开发的用于全国职业技能鉴定的统一试题库。

职业技能鉴定国家题库的权威性

◆ 由劳动和社会保障部组织专家开发。

◆ 本职业领域全国高水平专家参与命题。

◆ 以劳动和社会保障部颁布的《国家职业标准》为依据，参考中国就业培训技术指导中心组织编写的《国家职业资格培训教程》。

建立职业技能鉴定国家题库的意义

◆ 有利于规范全国职业技能鉴定行为，保证职业技能鉴定质量。

◆ 有利于统一全国职业技能鉴定水平，为从业者择业就业，提供公平、客观的能力水平评价。

职业技能鉴定国家题库管理与使用

◆ 职业技能鉴定国家题库运行管理网络由国家总库、地方分库和行业分库组成。

1. 国家总库设在劳动和社会保障部职业技能鉴定中心，主要负责制定国家题库运行管理网络的总体规划和运行组织管理，建立《国家职业技能鉴定命题技术标准》，组织开发示范性通用职业（工种）题库资源，并配发到地方分库。

2. 地方分库由各省职业技能鉴定（指导）中心负责运行管理，主要提供通用职业（工种）鉴定试题和试卷。

3. 行业分库由有关行业部门职业技能鉴定指导中心负责运行管理，主要提供行业特有职业（工种）鉴定试题和试卷。

◆ 全国各地在组织国家题库已有职业（工种）的鉴定考核时，一律从国家题库中抽取试题。

◆ 职业技能鉴定国家题库资源目录可通过劳动和社会保障部职业技能鉴定中心“国家职业资格工作网”（www. osta. org. cn）查询。

◆ 考生、考评员、培训机构、鉴定机构等相关使用者一旦发现国家题库试题试卷存在问题，可及时进入上述网址“首页→题库反馈修正系统”的页面向国家题库反馈意见或建议。

职业技能鉴定国家题库的主要内容

◆ 国家题库的内容分为两部分，即理论知识题库和操作技能题库。

◆ 理论知识题库每个职业含几千道试题，题型包括填空题、选择题、判断题、简答题、计算题、绘图题、论述题，等等。目前初中高级别一般以选择题和判断题等客观题型为主，技师以上级别含上述多种题型。本职业理论知识题库有关介绍请参阅本书“第二篇 理论知识考试复习指导”中的相关内容。

◆ 操作技能考核题库根据职业特点，由涉及职业活动领域的若干试题组成，考核方式有现场实际操作、模拟操作、笔试、口试等多种形式。本职业操作技能题库有关介绍请参阅本书“第三篇 操作技能考核复习指导”中的相关内容。

职业技能鉴定国家题库的命题依据和命题原则

◆ 命题基本依据

1. 依据劳动和社会保障部颁布的《国家职业标准》、《职业技能鉴定命题技术标准》。

2. 参考中国就业培训技术指导中心组织编写的《国家职业资格培训教程》。

3. 本职业命题依据劳动和社会保障部2002年颁布的《国家职业标准——洗衣师》，参考中国就业培训技术指导中心组织编写的《国家职业资格培训教程——洗衣师》。

◆ 命题基本原则

1. 反映职业活动对从业人员的知识和技能要求。

2. 理论知识命题强调本职业实际工作中必备的知识，不出偏题、怪题。

3. 操作技能命题强调科学性和可行性，试题既能反映本职业主要操作活动内容和要求，具有科学规范性；又能使考核过程简便易行，具有适用可行性。

第二部分

职业技能鉴定考核复习注意事项

勤学苦练　获得真才实干

◆ 职业技能鉴定不同于一般考试，它是以职业技能为着眼点的考试；而熟练的职业技能必须通过长期不断的练习和实践才能获得。

◆ 职业技能鉴定的根本目的不是考试，而是为了提高劳动者职业技能和素质，因此职业技能鉴定涉及的试题内容紧密围绕职业活动。采用猜题、押题或死记硬背考题的复习方法不如下功夫把时间和精力用在学习和实践上。

◆ 职业技能鉴定是一种达标考试，考生无论在工作岗位实践中，还是在职业学校学习，只要认真学习，努力实践，达到《国家职业标准》的相关要求，就可以通过考试。

把握标准　使用相关资料

◆《国家职业标准》

《国家职业标准》是根据职业活动内容，对从业人员工作能力和知识水平的规范性要求，由劳动和社会保障部组织制定并颁布。《国家职业标准》明确了本职业各个等级从业人员应掌握的知识和技能要求，是职业培训和职业技能鉴定的基本依据。

◆《国家职业资格培训教程》

《国家职业资格培训教程》是与《国家职业标准》紧密衔接的职业培训用书，由中国就业培训技术指导中心组织编写。《国家职业资格培训教程》内容体现“以职业活动为导向，以职业能力为核心”的指导思想，突出职业培训特色，是全国职业培训推荐教材。

◆《国家职业技能鉴定考试指导手册》

《国家职业技能鉴定考试指导手册》是以《国家职业标准》为依据，参考《国家职业资格培训教程》，与职业技能鉴定国家题库相衔接的考核复习指导资料。《国家职业技能鉴定考试指导手册》详细列出了职业技能鉴定的考核要点，理论知识部分进行了简明扼要的讲解，操作技能部分给出了考核要求和评分标准，同时给出模拟试卷，使考生了解职业技能鉴定考核形式，消除正式考核时的陌生感和紧张情绪，做到心中有数，把复习的精力投入到学习和实践中去。

全面复习　掌握基本要点

◆ 考生在考前进行全面复习时，对基本知识要点和操作要领要记忆准确、理解透彻、运用熟练，同时要善于抓住重点。《国家职业技能鉴定考试指导手册》第二篇、第三篇所列《理论知识鉴定要素细目表》和《操作技能考核内容结构表》、《操作技能鉴定要素细目表》，是依据《国家职业标准》对考核内容的细化，是命题的直接依据，也是理论知识考试和操作技能考核的要点。因此考生对这些内容应全面理解，深入领会。

◆ 考生在使用《国家职业技能鉴定考试指导手册》中的试题精选和试卷样例进行练习时，如果发现哪一题解答有问题或操作有困难，应该立即检查并请教，发现问题所在，及时解决本职业领域知识和技能的难点问题。

◆ 考生考前复习要讲究方法，提高效率。从复习的时间阶段来说，考生第一阶段可以安排全面复习与练习，第二阶段可以安排重点复习和练习，巩固已掌握的知识和操作要领，第三阶段可以安排模拟练习，以进一步理解考核的要求和内容。

劳逸结合　注意身心调整

◆ 身体状况、心情、经验以及期待水平等许多因素都会影响考生在考场的表现。

◆ 考生复习时要劳逸结合，注意身体和心理状态调节。

◆ 保持良好的心态，力戒焦虑，是取得好成绩的因素之一。考生应根据自己的实力，订立一个切实可行的目标，这是降低考试焦虑水平行之有效的方法。

◆ 考核前，考生应按职业技能鉴定机构通知，提前做好相应准备，如参加职业技能鉴定必须携带的证件、用具、模特，等等，避免由于准备不足而影响考核正常发挥。

第二篇　理论知识考试复习指导

LILUN ZHISHI KAOSHI FUXI ZHIDAO

第三部分

理论知识考试解读

理论知识试卷构成

目前，本职业初中高级理论知识考试采用标准化试卷，每个级别考试试卷有“选择题”和“判断题”两大类题型：

◆ 选择题为“四选一”单选题型，即每道题有四个选项，其中只有一个选项为正确选项，共160题，每题0.5分，共80分；

◆ 判断题为正误判断题型，共40题，每题0.5分，共20分。

理论知识考试答题时间和答题要求

◆ 理论知识试卷的答题时间

按《国家职业标准》要求，本职业中级理论知识考试时间为60~90分钟。

◆ 理论知识试卷的答题要求

1. 采用试卷答题时，做答选择题，应按要求在试题前面的括号中，填写正确选项的字母；做答判断题，应根据对试题的分析判断，在括号中画“√”或“×”。

2. 采用答题卡答题时，按要求，直接在答题卡上选择相应的答案处涂色即可。

3. 采用计算机考试时，按要求，点击选定的答案即可。

具体答题要求，在考试前，考评人员会做详细说明。

理论知识试卷生成方式

理论知识国家题库采用计算机自动生成试卷，即计算机按照本职业的《理论知识鉴定要素细目表》的结构特征，使用统一的组卷模型，从题库中随机抽取相应试题，组成试卷。

第四部分

理论知识鉴定要素

理论知识鉴定要素细目表说明

◆《理论知识鉴定要素细目表》是依据《国家职业标准》，参考《国家职业资格培训教程》内容细化而成，是国家题库理论知识试题命题和抽题组卷依据。

◆《理论知识鉴定要素细目表》中的鉴定点就是理论知识考试的知识要点。

◆《理论知识鉴定要素细目表》中，每个鉴定点都有重要程度指标，即鉴定点后标注的“X”、“Y”、“Z”。其中：

“X”表示“核心要素”，是鉴定点集合中最重要、考试中出现频率也最高的内容；

“Y”表示“一般要素”，是鉴定点集合中一般重要的内容；

“Z”表示“辅助要素”，是鉴定点集合中重要程度较低的内容。

◆《理论知识鉴定要素细目表》中，每个鉴定内容都有鉴定比重指标。它表示在一份考试卷中该鉴定内容所占的分数比例。例如，某一鉴定内容的鉴定比重为5，就表示在组成100分为满分的试卷中，该鉴定内容所占分值为5分。

理论知识鉴定要素细目表

◆ 中级洗衣师理论知识鉴定要素细目表

鉴定范围									鉴定点			
一级			二级			三级			代码	名称	重要程度	页码
代码	名称	鉴定比重	代码	名称	鉴定比重	代码	名称	鉴定比重				
A	基本要求	15	A	职业道德	5	A	职业道德基本知识	3	001	职业道德的定义	X	1
									002	合格洗衣师应具备的条件	Z	1
									003	职业道德的核心	X	1
									004	职业道德的影响	X	1
									005	爱岗的定义	X	1
									006	敬业的定义	X	1
									007	从业者在职业活动中的行为准则	Y	1
									008	团结协作的作用	X	2
						B	职业守则	2	001	洗衣师职业守则的核心	X	2
									002	制定洗衣师职业守则的目的	X	2
									003	礼仪的基本原则	Z	3
									004	礼仪具备的功能	X	3
									005	衣着仪容的重要性	Y	3
			B	基础知识	10	A	洗涤业基础知识	1	001	洗衣服务基本流程	X	4
									002	干洗方法的种类	X	5
									003	一浴干洗法适用的范围	X	5
						B	织物基本知识	1	001	纺织纤维的分类	X	12
									002	化学纤维的种类	X	13
									003	合成纤维的定义	X	13
						C	污渍去除基本知识	2	001	识别污渍的方法	X	22
									002	去渍剂的类型	X	23
									003	干性去渍剂的主要品种	X	23
									004	湿性去渍剂的主要品种	X	23
									005	选择去渍方法的原则	X	24

续表

鉴定范围									鉴定点			
一级			二级			三级			代码	名称	重要程度	页码
代码	名称	鉴定比重	代码	名称	鉴定比重	代码	名称	鉴定比重				
A	基本要求	15	B	基础知识	10	D	洗涤原料基本知识	2	001	合成洗涤剂的主要组成	X	29
									002	洗涤助剂的概念	X	30
									003	使用石油溶剂干洗剂的安全要求	X	33
									004	干洗枧油的功效	X	34
									005	活性碳在干洗中的作用	X	34
						E	皮革常识	1	001	按原料来源的皮革分类	X	36
									002	光面皮革清洗的质量要求	X	37
									003	光面皮革衣物护理的要求	X	38
						F	洗涤机械常识	1	001	干洗机的概念	X	41
									002	蒸汽夹烫机的概念	X	44
									003	常用洗涤设备日常维护的概念	X	53
						G	安全环保	1	001	四氯乙烯使用	X	58
									002	石油干洗车间的禁火措施	X	62
									003	使用四氯乙烯的企业的责任要求	X	58
						H	法律法规	1	001	消费者权益保护法的概念	X	65
									002	消费者权益争议的解决途径	X	67
									003	劳动争议的处理程序	X	72
B	相关知识	85	A	洗前处理	23	A	洗前检查分类	15	001	对标识不清晰衣物的鉴别方法	Y	147
									002	感官鉴别衣物的方法	Z	147
									003	燃烧鉴别衣物的方法	X	147
									004	粘棉布的感观特征	X	147
									005	涤棉布的感观特征	X	147
									006	维棉布的感观特征	X	148
									007	丙棉布的感观特征	X	148
									008	毛涤织物的感观特征	X	148
									009	毛腈织物的感观特征	X	148
									010	毛锦织物感观特征	Y	148
									011	粘胶丝织物感观特征	X	148
									012	涤纶长丝织物感观特征	X	148
									013	锦纶长丝织物感观特征	X	148
									014	粘胶纤维的燃烧特征	X	148
									015	涤纶纤维的燃烧特征	X	148

续表

鉴定范围									鉴定点			
一级			二级			三级			代码	名称	重要程度	页码
代码	名称	鉴定比重	代码	名称	鉴定比重	代码	名称	鉴定比重				
B	相关知识	85	A	洗前处理	23	A	洗前检查分类	15	016	锦纶纤维的燃烧特征	X	148
									017	腈纶纤维的燃烧特征	X	148
									018	维纶纤维的燃烧特征	X	148
									019	丙纶纤维的燃烧特征	X	148
									020	氯纶纤维的燃烧特征	X	149
									021	醋酸纤维的燃烧特征	Y	149
									022	纺织纤维的断裂强度	X	149
									023	纺织纤维的伸长率	X	149
									024	纺织纤维的抗皱性能	X	149
									025	纺织纤维的弹性	X	149
									026	纺织纤维的耐磨性能	X	150
									027	织物缩水性的概念	Z	150
									028	织物耐垫性的概念	X	150
									029	棉纤维的垫可塑性	Y	150
									030	羊毛纤维的垫缩绒性	X	151
									031	纺织纤维的耐光性能	X	151
									032	纺织纤维的耐酸性能	X	151
									033	纺织纤维的耐碱性能	X	151
									034	粘胶纤维耐碱性能特点	Y	152
									035	涤纶纤维耐碱性能特点	X	152
									036	纺织纤维的抗微生物性能	Y	152
									037	富春纺面料的洗涤要求	X	154
									038	乔其纱面料的洗涤要求	X	155
						B	洗前预处理	8	001	预处理阶段的重要工作内容	X	155
									002	织物褪色的判别方法	X	155
									003	织物缩水的判别方法	X	155
									004	棉麻织物的主要品种	Y	156
									005	棉麻织物的主要品种的色牢度	X	156
									006	丝织物的主要品种	X	156
									007	丝织物的主要品种的色牢度	X	156
									008	毛织物的主要品种	Y	156
									009	毛织物的主要品种的色牢度	X	156

续表

鉴定范围									鉴定点			
一级			二级			三级			代码	名　称	重要程度	页码
代码	名称	鉴定比重	代码	名称	鉴定比重	代码	名称	鉴定比重				
B	相关知识	85	A	洗前处理	23	B	洗前预处理	8	010	化纤织物的主要品种	Z	156
									011	化纤织物的主要品种色牢度	X	156
									012	毛织物的径向缩水率	X	156
									013	天然织物的径向缩水率	X	156
									014	化纤织物的径向缩水率	X	157
									015	干洗衣物缩水的主要原因	X	157
									016	干洗衣物缩水的预防措施	X	157
									017	织物缩水率的含义	Y	157
									018	织物色牢度与染色材料的关系	X	157
									019	直接染料的特性	X	157
									020	常用去渍剂选用原则	X	158
			B	洗涤	42	A	水洗	16	001	洗涤的要素	X	159
									002	根据污垢选择洗涤剂的方法	X	159
									003	洗涤剂用量的选择方法	Z	159
									004	手工水洗的基本技巧	X	159
									005	刷洗技术的概念	Y	159
									006	上衣服装刷洗操作的技术要点	X	159
									007	刷洗上衣类服装注意的问题	X	159
									008	刷洗裤类服装的技术要点	X	160
									009	刷洗裙类服装的操作原则	X	160
									010	搓洗工艺的原理	Y	160
									011	搓洗工艺适用范围	X	160
									012	拎洗的概念	Y	161
									013	揉洗的概念	Y	161
									014	挤洗的概念	Y	161
									015	棉织物的水洗特点	X	161
									016	棉织物遇水后的特性	X	161
									017	高级棉衬衫特点	X	161
									018	高档针织衫的洗涤要点	X	161
									019	床单被里的洗涤要点	Z	161
									020	色布套装的特点	X	162
									021	纯棉绒类服装的洗涤方法	X	162

续表

鉴定范围									鉴定点			
一级			二级			三级			代码	名称	重要程度	页码
代码	名称	鉴定比重	代码	名称	鉴定比重	代码	名称	鉴定比重				
B	相关知识	85	B	洗涤	42	A	水洗	16	022	牛仔装的面料特征	X	162
									023	牛仔装的洗涤方法	X	162
									024	洗涤真丝织品应注意的问题	X	162
									025	薄型丝织物的洗涤方法	X	163
									026	真丝乔其纱面料的特点	X	163
									027	柞丝绸面料的特点	X	163
									028	毛织物的洗涤性能	X	163
									029	毛织物的洗涤要点	X	164
									030	羊绒衫的手工水洗方法	X	165
									031	纯毛地毯洗后边穗的处理方法	X	165
									032	粘纤织物的洗涤性能	X	166
									033	羽绒服装的洗涤要点	X	167
									034	人造革服装的手工水洗方法	X	167
									035	太空棉服装的洗涤要求	X	167
									036	刷洗“三平”的原则	X	171
									037	虚刷技巧的概念	X	172
									038	搓洗力量的运用	Y	174
									039	荧光增白剂的特性	X	181
									040	常用荧光增白剂的色光	X	181
						B	干洗	16	001	四氯乙烯干洗剂的调配方法	X	182
									002	干洗注液程序的编制	X	183
									003	干洗手动清洗程序的编制	X	186
									004	排除干洗机故障前应先检查的项目	X	189
									005	干洗机高速脱液剧振的原因	X	189
									006	干洗烘干时间过长的原因	X	189
									007	干洗蒸馏时间过长的原因	X	189
									008	干洗机自动阀门打不开的原因	X	189
									009	蒸馏后溶剂太脏的原因	X	190
									010	干洗衣物产生收缩的原因	X	190
									011	干洗衣物不净的原因	X	190
									012	加液时机内溶剂流量过少的原因	X	190
									013	溶剂耗量过多的原因	X	190

续表

鉴定范围									鉴定点			
一级			二级			三级						
代码	名称	鉴定比重	代码	名称	鉴定比重	代码	名称	鉴定比重	代码	名称	重要程度	页码
B	相关知识	85	B	洗涤	42	B	干洗	16	014	液泵流量不足有鸣叫声的原因	X	191
									015	压缩机不能启动的原因	X	191
									016	全自动石油干洗机液温过高的原因	X	192
									017	石油干洗洗净度判断的内容	X	193
									018	四氯乙烯干洗机的类型	Z	194
									019	干洗机洗涤系统组成	X	194
									020	干洗机的烘干回收形成	X	195
									021	制冷式回收的含义	Y	195
									022	水冷式回收的含义	Y	195
									023	烘干回收的工作过程	X	196
									024	油水分离器的用途	Y	197
									025	油水分离器的结构组成	X	197
									026	卡式过滤器的组成部件	Y	198
									027	使用卡式过滤器的压力要求	X	198
									028	离心式过滤器的组成部件	X	198
									029	离心式过滤器的清洁方法	X	198
									030	组成干洗机外壳的部件	X	199
									031	干洗机装卸门的组成结构	X	199
									032	捕集器在干洗工作中的作用	X	199
									033	空气过滤器的作用	Y	199
									034	石油溶剂冷洗涤方式	Z	199
									035	石油溶剂热洗涤方式	Z	199
									036	石油溶剂干洗机过滤器的作用	Y	200
									037	干洗常用助剂	X	201
									038	干洗酸性中和剂的定义	X	201
									039	干洗使用酸性中和剂的目的	X	201
									040	干洗使用酸类助剂的作用	X	201
						C	皮革制品的洗涤保养	10	001	皮衣清洗的意义	Z	201
									002	极软高档皮衣的特点	X	202
									003	发泡起皱皮衣的特征	X	202
									004	剪绒革皮衣的特征	X	202
									005	极柔高档光皮四氯乙烯的干洗程序	X	202

续表

鉴定范围									鉴定点			
一级			二级			三级			代码	名称	重要程度	页码
代码	名称	鉴定比重	代码	名称	鉴定比重	代码	名称	鉴定比重				
B	相关知识	85	B	洗涤	42	C	皮革制品的洗涤保养	10	006	普通皮衣四氯乙烯干洗的注意事项	X	203
									007	石油溶剂干洗皮衣的程序	X	203
									008	苯胺、半苯胺光面皮四氯乙烯清洗时注意事项	X	203
									009	发泡起皱皮衣机械水洗注意事项	X	203
									010	绒面磨砂皮衣机械水洗注意事项	X	204
									011	绒面磨砂皮衣四氯乙烯干洗注意事项	X	204
									012	颜料涂饰的光面剪绒皮革手工清洗方法	X	205
									013	机器干洗裘皮的要求	X	205
									014	皮革撕裂的粘补方法	X	205
									015	皮革破洞的粘补方法	X	205
									016	裘皮服装撕裂的修补方法	X	205
									017	普通光面皮革的一次涂饰程序	X	206
									018	普通光面皮革的二次涂饰的注意事项	X	206
									019	生皮的概念	Y	207
									020	皮革的基本特性	Y	207
									021	裘皮的概念	Y	207
									022	裘皮的基本性能	Y	207
									023	成膜剂的性能	X	209
									024	着色剂的性能要求	X	210
									025	皮革涂层发粘的产生原因	X	213
			C	洗后整理	20	A	整烫	20	001	喷水烫的定义	X	215
									002	焖水烫的定义	X	215
									003	喷水烫对丝麻服装颜色的影响	Y	215
									004	丝麻织物熨烫的环境要求	X	215
									005	丝麻织物熨烫分类方法	Z	215
									006	丝麻织物喷烫的喷水量的控制	X	215
									007	丝麻织物熨烫时焖水量的控制	X	215
									008	丝麻织物喷烫时温度控制	X	215
									009	丝麻织物焖烫的温度要求	Y	215
									010	丝麻织物喷水烫的使用方法	X	215

续表

鉴定范围									鉴定点			
一级			二级			三级			代码	名称	重要程度	页码
代码	名称	鉴定比重	代码	名称	鉴定比重	代码	名称	鉴定比重				
B	相关知识	85	C	洗后整理	20	A	整烫	20	011	丝麻织物焖水烫的使用范围	X	215
									012	丝麻织物对焖水的时间要求	X	215
									013	掉色、有镶嵌织物的熨烫原则	X	215
									014	浅色丝绸衬衣衣袖熨烫标准	X	215
									015	浅色丝麻衬衣熨烫前按颜色分类的作用	X	215
									016	丝麻织物的熨烫要求	X	215
									017	真丝织物水洗后的影响	X	215
									018	真丝织物整烫恢复尺寸的方法	X	215
									019	真丝织物垫湿布熨烫的适用范围	X	216
									020	真丝织物熨烫垫湿布的方法	X	216
									021	垫湿布熨烫较厚衣物的含水量	X	216
									022	垫湿布熨烫较厚衣物的温度控制	X	216
									023	柞丝绸熨烫的操作方法	X	216
									024	柞丝绸熨烫喷水量的控制	X	216
									025	柞丝绸服装熨烫温度的控制	X	216
									026	麻织物商品的一般特点	Y	216
									027	麻织物的色牢度特点	Y	216
									028	麻织物水洗后的骨线变化	Y	216
									029	麻织物熨烫时的抻拉部位	X	216
									030	麻织物熨烫时对温度的要求	Y	216
									031	麻织物熨烫时对速度的要求	Y	216
									032	麻织物熨烫时对喷水的要求	Y	216
									033	麻织物熨烫前水含量的要求	X	216
									034	麻织物熨烫前喷水的操作	X	216
									035	白色麻织物服装熨烫温度	X	216
									036	麻织物熨烫反面时温度的控制	X	216
									037	喷水烫的技巧	X	215
									038	多色织物的熨烫方法	X	215
									039	烫前对服装镶嵌物的鉴别	X	215
									040	对易起水渍服装的熨烫措施	X	215

第五部分

理论知识考试复习要点

中级洗衣师基础知识复习要点

◈ **职业道德**

1. **职业道德基本知识**

（1）职业道德的定义：从事一定职业的人在特定的工作中所应遵循的固定行为规范，称之为职业道德。职业道德就是保证同行之间公平竞争，保护从业者的共同利益，提高行业整体水平以及诚信服务、尊重客户的合法权益。

（2）合格洗衣师应具备的条件：洗涤业属于商业性服务行业，所遵循的基本道德规范，是指洗衣师在处理自己同服务对象的关系，处理个人同企业的关系时应遵守的行为准则。合格洗衣师应该成为一个尽岗位责任、讲职业道德、遵守职业规范、掌握职业技能，树立行业新风的德才兼备的新时代的洗涤工作者。

（3）职业道德的核心：爱岗敬业是职业道德的核心和基础。无论从事哪一项职业，都要爱岗敬业。爱岗和敬业是紧密地联系在一起的。

（4）职业道德的影响：职业道德就是保证同行之间公平竞争，保护从业者的共同利益，提高行业整体水平以及诚信服务、尊重客户的合法权益。职业道德水平是衡量社会精神文明发展程度的重要标志。良好的职业道德规范，有利于行业良性竞争和稳步健康的发展，有利于促进社会生活稳定和经济的发展。

（5）爱岗的定义：无论从事那一项职业，都要爱岗敬业。爱岗和敬业是紧密地联系在一起的。爱岗就是干一行，爱一行，安心本职工作，热爱自己的工作岗位。

（6）敬业的定义：敬业是爱岗意识的升华，是爱岗情感的表达。它通过对工作的责任心、对技术精益求精的精神，以乐业、勤业、精业的工作态度表现出来。乐业，是喜欢自己的工作，能心情愉快，乐观向上地从事自己的职业。勤业，是要求每个从业人员在工作中，用恭敬认真的态度，勤奋努力，不偷懒，不怠工。精业，要求对本职工作精益求精，熟练地掌握职业技能，不断努力，不断提高，不断超越自我。业务精，就可能有所发明，有所创造。

（7）从业者在职业活动中的行为准则：洗涤业属于商业性服务行业，所遵循的基本道德规范，是指洗衣师在处理自己同服务对象的关系、处理个人同企业的关系时所遵循的基本道德规范，就是应遵守的行为准则。商业道德历来崇尚“质量第一、货真价实、诚实守信、童叟无欺”的宗旨。

（8）团结协作的作用：现代化的洗涤业已逐步摆脱小规模家庭作坊式的经营模式。洗涤业作为一个劳动密集型行业，分工也越来越细，单个从业人员在整项工作中可能只能负责其中一道工序，而每一道工序的质量都会直接影响整项工作。所以只有各工序紧密协作，有着共同的敬业愿望，团结一致，才能做好工作。

2. 职业守则

（1）洗衣师职业守则的核心：洗衣师职业守则的基本含意就是要在遵纪守法的前提下，用自己掌握的专业技能，辛勤地劳动，真诚地服务和团结协作精神，为广大消费者服务；同时为保护环境和不断提高我国洗涤业的总体水平贡献力量。洗衣师业务涉及面广，专业技术强，其服务也是一种“产品”。“产品”价值的真正体现是诚实守信。故洗衣师职业守则的核心就是优质服务。

（2）制定洗衣师职业守则的目的：制定职业守则的目的就是对从业者负责，对消费者负责，对行业的健康发展负责。提倡“一切为消费者”的精神，树立“消费者需要第一”的思想，提供消费者满意的“产品”，提供消费者满意的服务，将满足消费者的需求作为最大目的，是我们洗涤业从业者的工作目标。

（3）礼仪的基本原则：洗涤业是一个直接面对大众的服务性行业，适度的仪容和礼节是洗染从业者应有的职业修养。我国是历史悠久的文明古国，几千年来创造了灿烂的文化，形成了一系列道德准则和完整的礼仪规范，被称为文明古国、礼仪之邦。礼仪的基本原则是尊重的原则，遵守的原则，适度的原则，自律的原则。

（4）礼仪具备的功能：讲究礼仪是社会风气的反映，是民族精神文明进步的标志，是个人素质的体现。礼仪具备四个方面的功能：即沟通功能、协调功能、维护功能、教育功能。

（5）衣着仪容的重要性：个人的外部装束实际上是思想、感情、品德、气质和文化教养的综合反映，更与人的职业道德有密切的联系。因此，衣着仪容如何，不仅体现了个人的素质，而从一定意义上讲，它还代表着一个企业、一个行业的形象。

◆ 基础知识

1. 洗涤业基础知识

（1）洗衣服务基本流程：洗衣服务的基本流程包括收衣、分类、洗前预处理、洗涤、干燥、整烫、质检、包装和发送。

收衣：收衣是洗涤作业的开始，这个工序非常重要。收衣人员需具有较高的专业知识水平，对织物及洗涤常识有广泛的了解，同时要做到服务态度热情，语言表达清晰，工作作风细致认真。收衣工序主要包括：听、看、说、检、记。

分类：分类就是将相同质地，适用相同洗涤方法处理的衣物归类，以确保衣物达到良好的洗涤效果。因此洗衣师应运用所掌握的衣物面料性能、织物结构等方面的知识。

洗前预处理：衣物在洗涤预处理以前，还应对衣物从洗涤的角度做认真的复检。检查的项目与登记单相同，但侧重点应放在预测洗涤后果上。完成复检后应对衣物进行洗前预处理。即在清洗前对衣物上的特殊污渍进行针对性处理。

洗涤：洗涤分为水洗与干洗两种方式。干洗：将洗涤溶剂从贮箱抽入转笼，在一定的洗涤剂、温度、时间、机械力作用下完成衣物洗涤的过程。完成洗涤脱液后，衣物在一定的温度、气流作用下烘干，并将残留干洗液回收。

水洗：水洗一般分为六个阶段：准备阶段、核去污阶段、后处理阶段、脱水阶段、漂洗阶段和烘干阶段。

整烫：织物在洗涤过程中，会受到洗涤机械力、热能、织物相互摩擦力等因素的影响，这会使织物发生变形。熨烫就是对其的整理，使织物恢复原状。如果衣服洗得非常干净，但熨烫得不好，也会让人觉得失望。因此说“洗涤是内涵而整烫是外观”。

包装：包装是洗涤工序的最后一个环节。洗整好的衣物应单独分类包装。包装以前应对洗整后的衣物进行检验。

发送：按规定查验顾客的取衣单据，或办理交接的相关手续，同时答复顾客提出的质疑，做好记录并将有关问题及时反馈有关人员（部门）。

（2）干洗方法的种类：干洗衣物可以使用四氯乙烯溶剂，也可以使用石油溶剂。使用四氯乙烯干洗机进行衣物干洗时，为了达到较好的洗涤效果要根据不同的衣物采用不同的干洗方法。干洗工艺可以采用一浴法，也可以采用二浴法或是加料干洗法。一浴干洗法是指在不添加干洗助剂的情况下，仅使用干洗溶剂对衣物进行洗涤的方法。在洗涤前先将衣物的领口、袖口、袋边等明显的污垢以及一些被认为是水溶性污渍处，用前处理剂做预处理，然后再进行洗涤。由于使用这种方法洗涤时，干洗溶剂中没有添加水和干洗助剂，容易造成污垢的再沉积，而且极微小的污垢粒子可能会逃脱过滤产生再沉积。故此方法只适合于一些极轻污垢的衣物的干洗，不适合于污垢严重的衣物干洗。二浴干洗法，是指先将衣物洗涤 3 ~5 分钟后，进行简单脱液，再从液箱中将清洁溶剂泵至转笼内进行第二次洗涤的方法。此方法可洗掉深层污垢，洗涤效果较理想。加料干洗法也是一种二浴干洗法，不同的是在进行第二次干洗时需加入干洗助剂。此方法在使用时应对溶剂中的含水量严格控制。这种洗涤方法可以去除大部分的水溶性污垢、非溶性污垢及溶剂性污垢，是比较全面的干洗方法。石油溶剂干洗工艺过程与四氯乙烯溶剂干洗的过程基本相同，但由于所使用的机械设备及干洗溶剂的特点，其洗涤方法有所不同。

①浸洗：不经过滤器循环对衣物进行浸泡洗涤的方法。

②过滤器循环洗涤：经过滤器循环对衣物进行洗涤，同时净化干洗液的过程。

③淋洗：洗涤时不积放干洗液，使干洗液不停地通过的洗净方式。

④喷射洗涤：洗涤时向被洗物喷射足够的干洗液，旋转洗涤的方式。喷射洗涤时干洗液浓度很高，喷射洗涤后要进行淋洗（洗净液放入蒸馏器中）和主洗（过滤器循环洗涤），必要时还可以进行漂洗。

（3）一浴法干洗适用的范围：一浴干洗法是指在不添加干洗助剂的情况下，仅使用干洗溶剂对衣物进行洗涤的方法。由于使用这种方法洗涤时，干洗溶剂中没有添加水和干洗助剂，容易造成污垢的再沉积，而且极微小的污垢粒子可能会逃脱过滤产生再沉积。故此方法只适合于一些极轻污垢的衣物的干洗，不适合于污垢严重的衣物干洗。

2. 织物基本知识

（1）纺织纤维的分类：纤维是指天然生长或经化学加工，直径在数微米或数十微米，长度是直径的千百倍以上的细长物质。纺织纤维是指有一定的长度、细度、弹性和强度，并且有一定物理性能和化学性能，用于纺织物进一步加工的纤维。纺织纤维按照来源进行分类包括天然纤维和化学纤维两大类。

（2）化学纤维的种类：化学纤维是用天然的高分子物质或合成高分子化合物为原料，通过化学制造和机械加工而成的纤维材料。化学纤维是个大家族，其中包括人造纤维和合成纤维两大类。人造纤维又称为再生纤维。是以天然聚合物为原料，经过人造加工再生获得的纤维。它的产品有人造棉、人造丝等。人造纤维包括，人造纤维素纤维、人造蛋白质纤维和人造无机纤维三类。人造纤维素纤维主要是利用自然界的棉短绒、木材、芦苇等含有纤维素的物质为原料制成的纤维。人造蛋白质纤维主要是利用天然蛋白质为原料，经过加工制成的纤维，如大豆、花生等。人造无机纤维主要有玻璃纤维、金属纤维和碳素纤维等。

（3）合成纤维的定义：合成纤维是由石油、天然气、煤中分离出低分子脂肪烃、芳香烃和其他有机化合物为原材料，用人工聚合成高聚物，再经纺丝加工制成的纤维材料。

3. 污渍去除基本知识

（1）识别污渍的方法：正确鉴别污渍的类别是去渍的关键。只有正确鉴别污渍的类别，才能在去渍时采取相应正确的去渍方法。污渍的外观、颜色、气味等许多特性都可以作为识别的线索。下面是几种感观鉴别常见污渍的方法：

①外观鉴别法：外观鉴别方法就是根据衣服上的污渍外观形态通过观察即可识别污渍。如：各种食物汁、油漆渍等，人们通过外观即可识别它们的种类。

②颜色鉴别法：是根据污渍特有的色泽来识别污渍。例如：墨水汁、染料、油漆、血迹等污渍，都可以从颜色识别出来。

③感观鉴别法：是凭手感及眼观某些污渍的表面，通过手感来识别污渍。如糖类污渍、胶水类污渍、蜡渍等，有易板结的特点。感观鉴别污渍，主要靠长期经验和知识的

积累。

④部位鉴别：就是根据服装污渍所在的部位识别污渍。例如：男性衣领易出现脂类污渍，前胸、袖口易粘食物渍、女性服装领下及领口有香水渍和化妆品渍、裆部有血渍、异色等。

⑤气味鉴别法：是根据污渍特有的气味来识别污渍。如：香水、酒、口香糖等污渍可通过气味加以识别。

（2）去渍剂的类型：一般根据在去渍的过程中作用方式的不同，把常用的去渍剂分为：湿性去渍剂、干性去渍剂、氧化剂和还原剂四大类。

（3）干性去渍剂的主要品种：

①香蕉水：香蕉水是一种有香蕉气味的无色透明的混合液体，挥发性强，极易燃烧。

②四氯化碳：四氯化碳溶液是无色透明液体，具有一种使人愉快的气味，不溶于水，溶于醇、醚及苯。

③乙醚：乙醚为无色透明的液体，沸点 34～51℃，微溶于水，有芳香味，具有吸湿性，味甜、有易燃、易爆等特性。能溶于乙醇、苯、氯仿等有机溶液。

④松节油：松节油外观为无色至深棕色油状液体，具有松香气味，在空气中易氧化，长期存放色加深，有毒。不溶于水，可溶于乙醇、乙醚、氯仿等多种有机溶液。

⑤汽油：汽油是一种透明液体，易燃烧，不溶于水，能溶于醇、醚、苯等。

⑥四氯乙烯：四氯乙烯，也就是干洗溶剂。

四氯化碳主要包括香蕉水、四氯化碳、乙醚、松节油、汽油、四氯乙烯等有机溶剂以及有机溶剂的组合。

（4）湿性去渍剂的主要品种：湿性去渍剂主要包括中性洗涤剂、碱性蛋白酶、酸类、氨水、肥皂酒精溶液，甘油等。

①中性洗涤剂：中性洗涤剂是指含有表面活性剂的洗涤剂，PH 值为 7，在去渍的过程中提供润湿、分散、乳化等作用。

②碱性蛋白酶：碱性蛋白酶是能使蛋白质水解成肽或氨基酸的酶的总称，包括动物产生的胃蛋白酶和胰蛋白酶，由植物产生的木瓜朊酶和由微生物产生的霉菌蛋白酶。

③醋酸：醋酸是无色的、水溶性的、挥发性的、较弱的有机酸。在去渍时，使用的醋酸浓度是 28%，若浓度过高，可能会损坏醋酸脂纤维。醋酸作用后的织物不会留下斑渍。

④草酸：草酸又称乙二酸，无色透明结晶，或白色粉末，无臭，可溶于冷水，易溶于热水、乙醇，微溶于乙醚。草酸是有机酸中的强酸之一。草酸能与碱类起中和反应，生成草酸盐。

⑤氨水：氨溶于水得到的水溶液就是氨水。它具有强烈的刺激性气味，是一种无色的挥发性液体，溶于水。

⑥肥皂酒精溶液：肥皂酒精溶液由肥皂、酒精、水及小量的氨水组配而成。

⑦甘油：甘油，学名丙三醇，是一种有甜味的粘稠的高沸点液体，与水相溶，并有吸湿性，能吸收织物中的水份，不溶于乙醚、氯仿与有机溶剂。

（5）选择去渍方法的原则：去渍方法应根据污渍特点灵活运用，不同的污渍应用不同的化学药品，污渍性质的不同，所用的去渍方法也不同。运用得法，才对去除污渍有帮助。否则，轻者影响去污效率，重者有损织物纤维。

4. 洗涤原料基本知识

（1）合成洗涤剂的主要组成：以石油化工产品作原料，经过一系列有机合成制造出来的洗涤用品称为“合成洗涤剂”。合成洗涤剂是由表面活性剂与各种助剂按一定的比例配制而成的。

（2）洗涤助剂的概念：在合成洗涤剂中，凡加入与去污有关的，能增加洗涤剂特性的辅助材料，称为洗涤助剂。洗涤助剂分为无机助剂和有机助剂。

无机助剂有：

A. 磷酸盐：磷酸盐是提高合成洗涤剂综合洗涤剂去污能力的重要助剂。在粉状洗涤剂中应用最广的是三聚磷酸钠。其主要作用如下：①金属离子螯合作用。②提高解胶、乳化和分散作用。③碱性缓冲作用。

B. 硅酸钠：硅酸钠，又叫水玻璃状胶体。在洗衣粉中，硅酸钠是一种重要助剂，与其他助剂配用，具有协同效应，具体作用如下：①缓冲作用，硅酸钠能使溶液的 PH 值维持不变，具有缓冲作用。②对织物有一定的保护作用，在合成洗衣粉中，配入一定的硅酸钠，能保持织物的强度，减小织物的损伤率。③抗腐蚀作用，硅酸钠能有效地防止金属制件发生腐蚀。④对悬浮力、乳化力和泡沫稳定性的作用。⑤对粉状产品的影响：硅酸钠能使洗衣粉成品保持疏松、防止结块。

C. 碳酸钠：碳酸钠又名纯碱。在洗衣粉中配入一定量的纯碱，可以使洗涤液保持一定的 PH 值。碳酸钠能与脂肪污垢皂化而将其除去，具有良好的吸咐性能，对泡沫的生成有促进作用。

D. 硫酸钠：含有 10 个结晶水的硫酸钠俗称芒硝，是白色结晶粉末，具有以下作用：①去污作用。硫酸钠可降低洗液的表面张力和胶束临界浓度，提高洗涤剂对纤维的吸附速度和吸附量，可提高洗涤剂的去污效果。②对洗衣粉成型和防止结块作用。硫酸钠可使料浆的比重增加，流动性提高，有助于洗衣粉的成型，并有防止结块的作用。

有机助剂有：

A. 抗再沉积剂：在合成洗涤剂中配入少量的抗再沉积剂，如羧甲基纤维素、聚丙烯酸钠、丙烯酸、马来酸、共聚物等，可以防止已被洗离织物的污垢再次沉积到织物上，使白色织物多次洗涤后，仍保持洁白，不致于发黄变灰。

B. 荧火增白剂：荧火增白剂是合成洗涤剂的辅助原料之一。在合成洗涤剂中配入量极小，但作用很大，它能将光线中肉眼看不见的紫外线部分转为可见光，从而增强被洗织物的观感，使白色织物更白，颜色织物更加鲜艳悦目。

C. 酶制剂：酶制剂有蛋白酶、脂肪酶、淀粉酶、纤维素酶等。它能够分解相应污垢，降低洗涤温度，提高洗涤质量。

（3）使用石油溶剂干洗剂的安全要求：由于石油类干洗剂易燃、沸点高、沸程长、不安全，因此对使用这类溶剂的企业在安全方面（申报通风、储存等）有较严格的规定。

（4）干洗枧油的功效：干洗枧油是使用最多的也是干洗工艺中最主要的助剂。干洗枧油主要含有表面活性剂，它可以在干洗过程中溶解水溶性污垢。比如德国西施公司的清新 CA 干洗枧油，适用于四氯乙烯干洗机并具有四大功效：①优良的清洗能力。适用于各种污渍及水溶性污垢。②清新的自然芳香。可去除衣物上的难闻异味。③抗静电能力。可以减少衣物发灰的危险及清洗后的衣物静电负荷。④柔顺功能。可使衣物柔软而手感自然及减少衣物皱褶。

（5）活性碳在干洗中的作用：活性碳是一种活化有机物，在干洗中主要能除掉洗涤溶剂中的脂、酸、色素及有机物质。可按服装重量的 1/300 加入，然后进行干洗循环。

5. 皮革常识

（1）按原料来原的皮革分类：皮革的原料来源主要由家畜类的牛、羊、猪、马和一些养殖的野生动物如鳄鱼、鸵鸟、蛇、蛙等等组成。

（2）光面皮革清洗的质量要求：光面皮革衣物可以进行干洗，也可以采用手工清洗，洗涤后应该确保衣物洁净、均匀、柔软、不抽缩、不变形。

（3）光面皮革衣物护理的要求：我们日常生活所用的皮革制品中，光面皮革制品的种类较多，这也是我们在洗涤业务中接触最多的。随着生活水平的不断提高，人们对光面皮革护理的要求也从原来简单的皮面“刷浆”提高到要求彻底的清洁并对其进行加脂、柔软、整饰、护理的高度。针对消费者的要求，本着“看皮做皮”的原则，根据皮革制品的状况，在其没有磨损掉色的情况下，进行清洗、加脂、上光护理，如有磨损、掉色时则还需进行涂饰护理。

6. 洗涤机械常识

（1）干洗机的概念：干洗机就是利用干洗溶剂进行洗涤、溶液过滤、脱液、烘干回收、净化洗涤溶剂，实现再循环工作的洗涤机械。按照洗涤剂的不同，干洗机主要可分为四氯乙烯干洗机和石油干洗机两大类。其中，四氯乙烯干洗机按照烘干加热时冷却方式的不同，可分为水冷回收（即开启式干洗机）和制冷回收（即封闭式干洗机）两种；按照烘干回收和溶剂再生时所采用的加热方式，可分为电加热式和蒸汽加热式；按照洗涤的主要用途，可分为织物干洗机和皮衣织物两用干洗机；按照干洗过程中各工序连续性程度，可分为半自动干洗机和全自动干洗机。

（2）蒸汽夹烫机的概念：蒸气夹烫机是根据熨烫原理，将机器设计成各种带有特定曲面的整烫膜胎，由上下两个夹板进行夹挂整烫的机械。根据用途可分为绒面蒸汽夹烫机（又称万用干洗夹烫机）和光面蒸汽夹烫机（又称水洗万用夹机）。①绒面蒸汽夹烫机由底模、上压模、模胎蒸汽控制系统、上模夹紧释放按制系统、抽湿系统和机座等部件组成。压模式的控制方式有人工控制形式和汽缸推动控制形式。抽湿系统有两种形式，一种是自配抽湿机，另一种是外配抽湿即中央抽湿。蒸汽机的供给有两种方式，一种是内置电加热式，另一种是外接蒸汽式。绒面蒸汽夹烫机的上、下烫模的夹烫面均覆盖有一层绒面夹烫垫，适于各种织物夹烫，尤其适于经干洗后的各种绒面织物整烫。②光面夹烫机类似于绒面夹烫机，与绒面夹烫机的最大区别是上压模为不锈钢空心光面压板，通入蒸汽后温度较高。整烫服装时，高温表面直接与被烫物本身接触，被烫物必须含有15%左右的水分，不耐高温的服装不能用这类机具夹烫。

（3）常用洗涤设备日常维护的概念：常用洗涤设备的日常维护是洗涤工作不可缺少的重要环节。虽然洗涤设备种类型号不同，功能各异，但基本的维护是大同小异的。为了做好设备的维护：①为每台设备建立一个设备卡。②设备卡应包括：购买日期、安装日期、设备的型号、序号和电线图解数码等内容。卡上应标明设备调校和修理日期，以供检查。卡上应显示诸如每次的修理记录。③根据设备使用说明，制订维护保养计划，并保证按计划实施保养。④每台设备的手册及备用件清单必须仔细填写。

7. 安全环保

（1）四氯乙烯使用：四氯乙烯干洗溶剂是四氯乙烯干洗机专用的一种干洗溶剂。只要遵守一定的安全规则，四氯乙烯是可以被安全地贮存、处理及使用的。当然了解有关四氯乙烯的危害性及在紧急情况下的急救措施与医疗处理也是很必要的。

（2）石油干洗车间的安全措施：石油溶剂虽然没有四氯乙烯那样对环境和人体危害大，但由于其闪点低（37℃），如使用不当可能发生燃烧或爆炸，因此使用时应注意：①在洗涤剂前必须严格检查衣物口袋，防止打火机、火柴等易燃物引起火源。②应在30℃以下使用和储存。使溶液温度始终低于燃烧点。③工作区内严禁明火。④运输、装卸过程中避免剧烈碰撞，以免产生火花。⑤使用中应远离明火，不能使用电加热、燃气加热的烘干机，只能用蒸汽做热源的烘干机。⑥石油系列干洗机、烘干机要有良好的接地装置，以防爆燃事故的发生。⑦石油干洗机在洗涤时要加入一定比例的防静电剂和水。⑧洗涤、烘干在两台设备中完成的石油系列干洗机，安装时的水平距离应不少于1.5米。⑨石油烘干机排风口要远离火源。⑩在石油干洗车间要放置禁火标志。⑪在石油系列干洗机、烘干机处要放置灭火器材。

（3）使用四氯乙烯的企业的责任要求：我们可以通过采用工程控制、加强通风以及在处理四氯乙烯时配戴安全防护设备（如手套、护目镜、呼吸保护器及其他安全装备）来尽量减少接触这种物质的机会，以避免受到其潜在的危害性影响。如果由经过培训的专人进行适当的操作，四氯乙烯几乎不会对人造成任何伤害的，只要接触溶剂的程度是在四氯乙烯浓度规定的标准范围内，即使是重复地接触，四氯乙烯也不会产生不利影响。

所有参与处理四氯乙烯的工作人员应仔细阅读并严格地遵照溶剂安全使用的规定，要熟知如何减少与四氯乙烯的接触环节。

使用四氯乙烯的企业要负责确保四氯乙烯安全的处理、使用及弃置或排放，并且要让每一位员工接受足够的安全操作培训。例如怎样能够减少与有害物质的接触，紧急情况下的营救、撤离等应急措施。

此外，有关的工作人员都应完全了解干洗溶剂的特性，并要以一种负责的态度来处理。

8. 法律法规

（1）消费者权益保护法的概念：消费者权益保护法是调整人们生活消费所发生的社会关系的法律规范的总称。消费者权益保护法调整的范围主要包括两个方面：一是消费者为生活消费需要购买、使用商品或者接受服务中产生的社会关系。二是经营者为消费者提供其生产销售的商品或者提供服务中产生的社会关系。这两方面，前者是确定消费者的法律地位及其权利，后者是确定经营者的义务，通过确定权利、义务来规范相互关系。消费者权益保护法的宗旨在于：保护消费者的合法权益，维护社会经济秩序，促进社会主义市场经济的健康发展。

（2）消费者权益争议的解决途径：①协商和解：消费者权益争议发生后，消费者与经营者之间，在平等自愿、互谅互让的基础上，依照法律、法规的规定和约定，经过协商，对争议事项达成一致。②调解：指争议双方在消费者协会的主持下，通过摆事实、讲道理，分清是非，明确责任，在互谅互让的基础上自愿协商，达成协议以解决争议的方式。调解必须遵循自愿、合法的原则。③申诉：即向有关行政职能部门申诉，如工商、物价、技术监督等部门。④仲裁：根据我国《仲裁法》规定向仲裁委员会申请仲裁，以解决争议。但应注意：必须根据当事人双方达成的仲裁协议，仲裁机构具有民间性质，仲裁裁决是终局裁决。⑤诉讼：即向人民法院提起诉讼，由人民法院依照法定程序对争议案件进行审理仲裁。

（3）劳动争议的处理程序：①调解程序：除因签订、履行集体合同发生的争议外，劳动者与用人单位发生的其他劳动争议均可以由本企业劳动争议调解委员会调解。调解委员会应自当事人申请调解之日起 30 日结案，逾期未结案的视为调解失败，当事人可以进行其他程序。调解程序不是劳动争议处理的必经程序，当事人任何一方或双方可以直接向当地劳动争议仲裁委员会申请仲裁。②仲裁程序：当事人应在劳动争议发生之日起 60 日内提出仲裁申请。如果当事人申请企业调解程序，调解期间可以扣除，胜诉时效从调解结束之日起继续计算。如果当事人因不可抗力或者由其他正当理由超过规定的申诉时效的，仲裁委员会应当受理。所谓“其他正当理由”须由仲裁委员会认定。当事人申请仲裁应向有管辖权的仲裁委员会申诉，即劳动争议发生的县、市、市辖区的仲裁委员会提出申请。发生争议的企业与职工不在同一个仲裁委员会辖区的，由职工当事人工资关系所在地仲裁委员会受理。仲裁庭处理劳动争议，应从组成仲裁庭之日起 60 日内结案。案情复杂需要延期的，报仲裁委员会批准后可以适当延长，但最长延期不得超过 30 日。对于请求待批，工伤鉴定，当事人因故不能参加仲裁活动以及其他妨碍仲裁办案进行的客观情况，应视为仲裁时效中止，并须报仲裁委员会申诉同意。仲裁时效中止不应计入仲裁办案时准备内。当事人对仲裁裁决不服的，自收到裁决书之日起 15

日内，可以向人民法院起诉。③诉讼程序：诉讼程序是处理劳动争议的最后一道程序。按照我国《劳动法》及《劳动部办公厅关于处理劳动争议案件若干政策性问题的复函》规定，当事人对仲裁裁决不服的，自收到裁决书之日起15日内，可以向人民法院起诉；期满不起诉的，裁决书即发生法律效力，即未经仲裁的劳动争议，法院将拒绝受理。劳动争议案件由民事审判庭审理。依据《我国民事诉讼法》的规定，人民法院适用普通程序审理的民事案件，应当在立案之日起6个月内审结。有特殊情况需要延长的，由本院院长批准，可以延长6个月；还需要延长的，报请上级人民法院批准。依据《民事诉讼法》，当事人若不服地方人民法院第一审判决的，有权在判决书送达之日起15日内向上一级人民法院提起上诉。当事人不服地方人民法院第一审裁定的，有权在裁定书送达之日起10日内向上一级人民法院提起上诉。

中级洗衣师相关知识复习要点

一、洗前处理

（一）洗前检查和分类

1. 对洗涤标识不清晰衣物的鉴别方法：在接受衣物时，常常会遇见以下几种情况：（1）织物标识破损；（2）织物无标识；（3）织物标识不准确。这时，就需要使用一定的方法，对织物纤维进行分析判别以保证分类的准确。通常用两种方法来鉴别：感观鉴别法，燃烧鉴别法。

2. 感观鉴别衣物的方法：当一件织物无法通过标识准确判别其纤维种类时，可将其在自然光条件下，通过视觉观察所测织物面料的光泽、质地和颜色的状况，然后用手捏、摸、抓其面料，感觉被测面料的厚薄、柔软性、弹性、折皱和冷暖程度。对通过眼和手所获得的感受，综合分析，判断被测织物是属于哪一类纤维织物。

3. 燃烧鉴别衣物的方法：鉴别时，先从织物中抽出几根经纱或纬纱，这主要是考虑到织物有可能存在不同的纤维交织。经纱与纬纱要分别作鉴定，然后把纤维束用火柴或酒精灯点燃，仔细观察纤维的燃烧过程：（1）燃烧方式；（2）火焰的颜色；（3）燃烧时散发出来的气味；（4）燃烧结束后灰烬的颜色、形状和硬度。最后根据这几种现象综合分析做出判断。操作时应该先把抽出的纱靠近火焰，观察试样是否有卷缩，是否有熔融，再放入火焰中，然后离开火焰。同时，还要注意闻其燃烧的气味，听其声音，仔细注意每一个环节、每一个现象，方可得出结论。

4. 粘/棉布的感观特征：粘/棉布的布面光泽柔和明显、色彩鲜艳、平整光洁、手感柔软、弹性较差、有飘逸感，用手捏紧布料后松开，有明显折痕，且折痕不易恢复原状。

5. 涤棉布的感观特征：涤棉布光泽较纯棉布明亮，布面平整，洁净无纱头或杂质，手感滑爽、挺适、弹性比纯棉好。手捏紧布料后松开，折痕不明显，且易恢复原状。

6. 维棉布的感观特征：维棉布外观似纯棉布，但比纯棉布细密光洁。布面杂质少，手感柔软、光滑。布面光泽不如纯棉布，色彩不够鲜艳。

7. 丙棉布的感观特征：丙棉布外观具有涤棉的风格，挺适、弹性好。但布面不如涤棉布光洁平整，手感稍嫌粗糙。

8. 毛涤混纺物的感观特征：毛涤混纺呢绒外观具有毛织物风格。呢面织纹清晰、平整光滑，手感不如纯毛织物柔软，有硬挺粗糙感，其弹性超过纯毛和毛粘绒。用手捏紧呢面后松开，其折痕迅速恢复原状。

9. 毛腈织物的感观特征：毛腈混纺呢绒大多为精纺，毛感强，具有毛料风格，有温暖感，但弹性不如毛涤。

10. 毛锦织物感观特征：毛锦混纺呢绒布面平整，但手感差，外观具有蜡质光泽，手感硬挺。手捏紧呢料后松开，有明显折痕，能缓慢恢复原状。

11. 粘胶丝织物感观特征：粘胶丝织物绸面光泽明亮但不柔和，色彩鲜艳，手感滑爽柔软，悬垂感强，但不及真丝绸轻盈飘逸。手捏绸面松开后有折痕，但恢复较慢，撕裂时声音嘶哑，经、纬线沾水润湿后极易拉断。

12. 涤纶长丝织物感观特征：涤纶长丝织物纺丝绸感强，光泽明亮，但不够柔和，具有闪光的效果。手感滑爽、平挺、弹性好。手捏紧绸面后松开无明显折痕。经、纬线沾水润湿后不易扯断。

13. 棉纶长丝织物感观特征：棉纶长丝织物光泽比较暗淡，表面有似涂了一层蜡的感觉，色彩不鲜艳。手感硬挺，手捏紧面料后松开，有折痕，能缓慢恢复原状。经、纬线牢度强。

14. 粘胶纤维的燃烧特征：粘胶纤维燃烧时近火后燃烧迅速，产生黄色的火焰，有烧纸的气味，灰烬极少，呈灰色或黑色。

15. 涤纶纤维的燃烧特征：涤纶燃烧时纤维卷缩，边熔化边冒烟燃烧，呈黄色火焰；有极弱甜味，灰烬为珠状、黑色或淡褐色硬块，用手不易捻碎。

16. 锦纶纤维的燃烧特征：锦纶燃烧接近火焰时，迅速卷缩，缓慢燃烧边熔化边滴落，火焰呈桔色，有蓝色的焰边，有芹菜香味，灰烬为棕灰色硬块，用手触不易捻碎。

17. 腈纶纤维的燃烧特征：腈纶燃烧时边熔化边缓慢燃烧，离火焰后速燃并有飞溅，火焰呈白色略有闪光，有时略有黑烟，有鱼腥臭味，灰烬为黑色小硬球，脆而易碎。

18. 维纶纤维的燃烧特征：维纶燃烧接近火焰时迅速熔融收缩，缓慢燃烧，火焰很小，呈红色，有特殊臭味，灰烬为褐色硬块，可用手捻碎。

19. 丙纶纤维的燃烧特征：丙纶燃烧时边卷缩边熔化燃烧，火焰明亮，呈蓝色，有烧蜡气味，灰烬为不规则的黑色硬块。

20. 氯纶纤维的燃烧特征：氯纶难燃，接近火焰时收缩燃烧，离火即灭，有氯气味，灰烬为不规则的黑色硬块。

21. 醋酸纤维的燃烧特征：醋酸纤维燃烧缓慢，熔化后离开火焰，边熔化边燃烧，有醋酸气味，灰烬为有光泽的黑色块状，可用手捻碎。

22. 纺织纤维的断裂强度：在天然纤维中，麻纤维的断裂强度最高，其次是蚕丝和棉，羊毛最差。化纤中，锦纶的强度最高，居所有纤维之首。其次是涤纶，丙纶和维纶。锦纶、涤纶、丙纶、维纶的强度与麻纤维相似。粘胶纤维强度低，但比羊毛高一些。在湿态下，棉纤维和麻纤维的强度非但没有下降反而有所提高，羊毛和蚕丝的湿态强度与干态强度相仿。锦纶、腈纶湿态强度接近干态强度。维纶纤维的湿态强度低，约为干态强度的70%~80%。粘胶纤维的湿态强度仅为干态强度的40%~50%。

23. 纺织纤维的伸长率：纤维的断裂伸长率是指纤维承受外力拉伸时所产生的伸长变形与原长的百分率。麻纤维的断裂伸长率最小，只有2%左右；其次是棉，只有3%~7%；蚕丝为15%~25%；羊毛为25%~35%，且在天然纤维中居首位。化纤中，维纶和粘胶纤维的断裂伸长率最低为20%左右。其他合成纤维为40%左右，一般湿态的断裂伸长率大于干态断裂伸长率，有的高达50%左右。涤纶、丙纶、氯纶湿态的断裂伸长率等于干态的断裂伸长率；腈纶、锦纶的湿态断裂伸长率略高于干态的断裂伸长率。

24. 纺织纤维的抗皱性能：抗皱性是指织物抵抗变形的能力，抗皱性好的织物不容易折皱，挺括度好。

25. 纺织纤维的弹性：弹性是指织物变形后的恢复能力，弹性好的织物则能保持比较稳定的外观，一旦形成折皱容易消失。

26. 纺织纤维的耐磨性能：耐磨性是指织物抵抗磨损的性能。织物在穿着和使用过程中会受到磨损，这是织物损坏的主要原因之一。磨损是指织物与另一物体反复磨擦而逐渐损坏。织物的磨损有平磨，曲磨和折边磨等。衣裤的袖口与裤脚、臀部、袜底等是平磨；衣裤的肘部和膝部是曲磨；上衣领口、袖边和裤脚边是折边磨。断裂强度、断裂伸长率和弹性决定了纤维在重复拉伸作用下的变形能力。这种能力越大，耐磨性越好。在各种纤维中，锦纶的耐磨性是最好的，因此常用它来作为机制袜子的材料；涤纶的耐磨性仅次于锦纶；维纶、丙纶、氯纶也都具有较好的耐磨性；腈纶的耐磨性最差，接近于富强纤维和粘胶纤维，但比粘胶纤维耐湿耐磨擦。在天然纤维中，虽然羊毛的断裂强度低，但由于其断裂伸长率高和弹性优良，因此其耐磨性也相当好。其次是棉、蚕丝；麻的耐磨性一般。

27. 织物缩水性的概念：织物被水浸湿后会产生收缩。这种收缩就叫缩水。缩水的百分率叫缩水率。产生缩水的原因一般认为有两个方面：一方面是由纤维本身的特性所造成的纤维被水浸湿后横向膨胀变大，使织物中经纬线的弯曲度增大，织物变厚，尺寸缩短等，织物干后如不受外力作用，它们不可能恢复到原来的状态。另一方面的原因是由于在纺织染整时所产生的显著破坏作用。随温度和浓度的提高，纤维在其加工过程中，要受到一定程度的机械外力作用。这种外力作用使纤维、纱线和织物不同程度地被拉长，从而产生一种潜在的收缩力，当织物一旦浸入水中处于自由状态，那么拉长的那一部分会不同程度地收缩回去，从而造成了缩水现象。

各类织物的缩水率大小与纤维的缩水率有关。一般亲水性纤维（天然纤维和人造纤维）缩水率大；疏水性纤维（合成纤维）缩水率小。有的合成纤维如丙纶几乎不缩水，因此其制品洗涤后尺寸稳定性好。纤维缩水率的大小与吸湿性的大小成正比，吸湿性大，缩水率大。一般织物经线缩水率比纬线缩水率大。纺织纤维吸湿性从大到小排列顺序为：羊毛、粘胶、丝棉、维纶、锦纶、腈纶、涤纶。

28. 织物耐热性的概念：织物在高温下保持自己物理机械性能的能力叫耐热性。织物受热作用后，强度一般会下降，强度下降的程度随温度、时间和纤维种类而异。在高温时，天然纤维和人造纤维有分解炭化的性质；合成纤维则有软化、熔融的性质。

天然纤维中麻的耐热性是最好的，其次是蚕丝和棉；羊毛最差。

在化学纤维中，粘胶纤维的耐热性最好。在合成纤维中，涤纶的耐热性是最好的，腈纶次之。锦纶的耐热性较差，受热易产生收缩。维纶的耐热性也较差，且耐干热不耐湿热。丙纶的耐热性也差，但耐湿热不耐干热。氯纶的耐热性极差，一般在 60 ~ 70℃之间就会开始收缩变形；在 100℃的沸水中可收缩 50%，超过 100℃则粘成一团。因此，其织物不易熨烫，洗涤温度不得超过 40℃。

29. 棉纤维的可塑性：棉纤维在 105℃挥发全部水分时，如果加以强压可以随意改变其形态，这就是棉纤维的热可塑性。

30. 羊毛纤维的热缩绒性：羊毛在湿热的条件下受到外力的作用，纤维之间会互相缠在一起，从而产生收缩这就是羊毛的热缩绒性。

31. 纺织纤维的耐光性能：织物抵抗太阳光作用的性能叫耐光性。在天然纤维中，麻纤维的耐光性最好，长时间在日光下曝晒，强度几乎不变；棉纤维仅次于麻，但棉纤维长时间在日光下曝晒，不但强度下降，而且纤维发硬发脆；羊毛耐光性较差，不宜长时间在阳光下曝晒，否则会失去羊毛油润的光泽而泛黄，强度也会下降；丝的耐光性在天然纤维中是最差的，阳光中的紫外线对丝有破坏作用，丝绸在日光下曝晒 200 小时其强度下降 50%。

粘胶纤维的耐光性不如棉，长时间曝晒，强度也会下降。在合成纤维中腈纶的耐光性最好，在日光下曝晒 1800 小时，其强度仅下降 40%。因此，腈纶可用作窗帘、床罩及户外服装。涤纶的耐光性仅次于腈纶。锦纶的耐光性较差，长时间在日光下曝晒，色泽变黄，强度显著下降。服装一般不宜在阳光下曝晒，应放在阴凉通风处晾干，这不仅有利于保持织物色泽的鲜艳，还可以延长织物的寿命。各种纤维耐光优劣次序大致是：矿物纤维 > 腈纶 > 麻 > 棉 > 毛 > 醋酸纤维 > 涤纶 > 氯纶 > 富强纤维 > 粘胶 > 维纶 > 铜氯 > 氯纶 > 锦纶 > 蚕丝 > 丙纶。

32. 纺织纤维的耐酸性能：棉纤维和麻纤维是纤维素纤维，因此耐酸性都差。棉纤维在盐酸、硫酸、硝酸等无机酸中极不稳定，会与其作用而使纤维强度显著下降；热稀酸和冷浓酸都会使棉纤维水解，冷稀酸对棉纤维的腐蚀作用较小；棉纤维与有机酸一般不发生作用。麻对酸的稳定性要好些，没有棉反应敏感。在热酸中，麻纤维会受到损伤，冷浓酸对其几乎不发生作用。羊毛和蚕丝都是蛋白质纤维，其耐酸性比纤维素纤维好。无论是有机酸还是无机酸，都可被纤维吸收并与其内部的蛋白质结合而质量不受影响。一般情况下，在低温和常温下时，弱酸或低浓度的强酸对其不产生显著的破坏作用。随温度和浓度的提高，强酸对其的破坏作用将相应增加。浓无机酸会使蚕丝溶解，柞蚕丝比桑蚕丝的耐酸性好一些。弱酸或低浓度强酸对其不产生显著的破坏作用。因此羊毛可在酸性染料中染色，呢绒织物可作防酸工作服。

粘胶纤维也是纤维素纤维。因此它也不耐酸且耐酸性不如棉。涤纶的耐酸性良好，对无机酸和有机酸都有很好的稳定性。腈纶的耐酸性较强，对有机酸具有一定的抵抗力，但在浓硫酸中会溶解。锦纶的耐酸性是合成纤维中最差的，各种浓酸都会使其分解。维纶不耐强酸，80%的浓酸会使其溶解。丙纶、氯纶的耐酸性在合成纤维中最好。

33. 纺织纤维的耐碱性能：棉纤维和麻纤维是纤维素纤维，其耐碱性好，常温下稀碱对其不发生作用。如果在常温或低温下将其纤维浸入浓度为18%~25%氢氧化钠溶液中，这时纤维吸收氢氧化钠后膨胀，长度缩短，如果此时加以一定的拉力不使纤维缩短而保持其原来的长度，纤维就会产生强烈的光泽，而且强度、耐磨性、尺寸稳定性和染色率都有所提高。这种作用也叫“丝光”作用，经过丝光处理过的布叫丝光布。蚕丝和羊毛是蛋白质纤维，其耐碱性差，且羊毛比蚕丝更差。碱对羊毛和蚕丝具有腐蚀作用，其大小随碱液的浓度、温度的变化而变化。浓度越大，温度越高，其破坏力越大，因此这类织物不宜在热碱液中洗涤，洗涤剂应使用中性洗衣粉和偏酸性的助剂。水温不能太高，应控制在30℃~40℃。洗衣浸泡时间不宜太长，漂洗要清，防止有碱液。高级呢绒织物宜干洗。

34. 粘胶纤维耐碱性能特点：粘胶纤维和富强纤维的耐碱性比耐酸性好，但不如棉的耐碱性好。

35. 涤纶纤维耐碱性能特点：涤纶的耐碱性不如耐酸性，在合成纤维中是最差的。涤纶对弱碱具有较好的稳定性，但在浓碱溶液中，涤纶的表面会受到腐蚀，部分表面脱落，纤维表面呈现凸凹不平的现象。

36. 纺织纤维的抗微生物性能：棉纤维吸湿性强，因此易受潮而发霉，但其抗虫性能良好。麻纤维防霉抗虫蛀性也较好，并有抑制细菌繁殖的能力。蚕丝和羊毛都是蛋白质纤维，它们的抗虫蛀性都差，蚕丝的抗霉菌性优于棉和羊毛。羊毛特别怕虫蛀和霉菌，因此其织物收藏时一定要保持干燥，箱子也应保持一定的干燥度，箱子四周要放些樟脑丸。这些樟脑丸要用废纱布或纸包好，以防污染织物。粘胶纤维抗虫蛀性良好，但锦纶耐萘（卫生球）性差，存放时要与呢绒类织物分开。此外化纤与毛混纺的织物，也要进行防蛀处理。

37. 富春纺面料的洗涤要求：富春纺缩水率为8%，湿强度差，水洗时不能用力搓擦。

38. 乔其纱面料的洗涤要求：乔其纱缩水率为10%，不能用力搓洗，防止跳丝。

（二）洗前预处理

1. 预处理阶段的重要工作内容：在织物进入主洗前，判别织物是否具有缩水性和褪色的可能，是预处理阶段至关重要而又具备较高技术含量的工作。

2. 织物退色的判别方法：织物面料是否褪色与该面料的色牢度有直接的关系，色牢度越好，面料则越不易褪色。

3. 织物缩水的判别方法：织物缩水程度的大小与缩水率有直接关系，当织物的缩水率大于5%时，该织物便会在水洗过程中产生缩水，影响织物结构及外形。

4. 棉麻织物的主要品种：常见的棉麻织物主要有高级衬衫，高级针织物，床单、被里、色布套装，纯棉绒类服装、套装、风雨衣、棉毯。

5. 棉麻织物的主要品种的色牢度：棉麻织物的色牢度较差、高温下褪色严重。

6. 丝织物的主要品种：常见的丝织物有香云纱、乔其纱、柞丝绸、软缎、绵丝、真丝类衣裤等衣物。

7. 丝织物的主要品种的色牢度：一般丝织物色牢度很差，高温下极易褪色。

8. 毛织物的主要品种：毛料衣物主要有呢料衣物、长身大衣、羊毛绒衫、绒毛地毯、羊绒服装等品种。

9. 毛织物的主要品种的色牢度：毛织物的色牢度较差，高温下极易褪色。

10. 化纤织物的主要品种：化纤织物的主要品种有涤纶混纺织物、锦纶混纺织物、腈纶混纺织物、维纶混纺织物、丙纶混纺织物、粘胶织物、氯纶织物等。

11. 化纤织物的主要品种的色牢度：化学纤维中的涤纶服装、人造毛服装、腈纶服装、羽绒服装、丙纶地毯等，色牢度较强，不易褪色。

12. 毛织物的径向缩水率：纯毛或含毛70%以上织物缩水率为3%~4%、含毛60%以上的织物缩水率为4%~5%、组织松稀的织物缩水率为5%以上。

13. 天然织物的径向缩水率：天然织物中的丝光平布、斜纹哔叽、贡呢缩水率为3%~4%，丝光府绸、卡其、华达呢缩水率为2%~5%，本光平布、卡其、华达呢、斜纹缩水率为2%~6%，条格府绸、劳动布（色织布）缩水率为2%~5%，绒呢、被罩缩水率为5%~9%，元贡缩水率为5%~11%，经防缩处理的印染棉布缩水率为1%~2%。

14. 化纤织物的径向缩水率：涤纶混纺织物缩水率为1%~2%、锦纶混纺织物缩水率为2%~4%、腈纶混纺织物缩水率为2%~4%、维纶混纺织物缩水率为3%~5%、丙纶混纺织物缩水率为1%~2%、粘胶织物缩水率为2%~4%、氯纶织物缩水率为1%~2%。

15. 干洗衣物缩水的主要原因：干洗剂温度过高会引起衣物褪色，溶剂中水分含量过高会引起衣物缩水。所以在干洗前应经常检查溶剂中的含水量，同时洗涤时应将温度控制在32℃以下。

16. 干洗衣物缩水的预防措施：为了防止干洗衣物缩水必须避免干洗系统中有过多的水分：

（1）干洗前彻底干燥所有经过预去渍的衣物。

（2）将收到时比较潮湿的衣服干燥。

（3）不要往工作箱里添加不必要的干洗助剂。

如果你发现干洗系统中存在过多的水分就在机器里洗一车干净的白浴巾或床单。这有助于把过多的水分去掉但它并不能从根本上解决问题。其他方法：

（1）检查蒸馏工作箱中的溶剂。

（2）清理钮扣收集器。

（3）清理水分离器。

（4）必要时更换过滤器。

（5）往系统中添加新助剂。

17. 织物缩水率的含义：织物缩水率是判断织物缩水程度的数值。依据与织物纤维的缩水率的关系，在织物的各种纤维中缩水率最小的是麻。

18. 织物色牢度与染色材料的关系：是判断织物上色牢固性的指标，织物的色牢度强弱与染色材料有直接关系，常用的染色材料有直接染料、酸性染料、中性染料和分散性染料。

19. 直接染料的特性：直接染料色泽齐全，染法简单价格低，但色牢度低，常用于不耐碱的羊毛和丝绸，耐水洗较差但抗晒性较好。

20. 常用去渍剂选用原则：常用去渍剂选用原则为对各种纤维没有损坏性；对衣物色泽没有影响；具有良好的溶解去污性能，这三个条件缺一不可，否则不能作为预处理剂使用。

二、洗涤

（一）水洗

1. 洗涤的要素：良好的洗涤效果从根本上应该取决于洗涤的时间、温度、洗涤剂和机械力 4 方面的平衡作用。如果这 4 方面中有一方面发生了变化，就应对其他 3 个方面做出相应的变化，以进行补偿，从而实现 4 方面的平衡。

2. 根据污垢选择洗涤的方法：大多数被洗物上的污垢一般为酸性污垢，洗涤时就应采用碱性配方。如被洗物是棉的，并且污垢较重，就应该选用一个 PH 值较高的配方。

3. 洗涤剂用量的选择方法：在洗涤过程中洗涤剂的添加量应视织物的颜色、织物类型、污垢的种类和污垢程度而定。

4. 手工水洗的基本技巧：手工水洗是一项技术性较强基本功要求较高的水洗工艺，做为机械水洗的补充——手洗有着不可替代的位置。手洗的基本手法可概括为刷、搓、揉、拎、拧、挂等 7 种。

5. 刷洗技术的概念：刷洗是手洗中应用最广泛的基本技术，是一个利用刷子与力的有效结合，使衣物得到彻底清洗的过程。

6. 上衣类服装刷洗操作的技术要点：重点部位：两前身及里外下摆、扣眼处、袖口、袋盖、袋口、领子正面。

7. 刷洗上衣类服装注意的问题：刷袖峰处时应波及左右两前胸的上部、刷中山装时注意把大袋折痕处拉平刷到、刷建设服（军服，军便服）时要把袋里子翻出刷洗、刷西服上衣时翻领处也是重点并把口袋里翻出刷净、长大衣的后开气处应为重点、女上衣的肩线和底领下部。

8. 刷洗裤类服装的技术要点：刷洗裤类服装以毛料西裤为例，重点部位是裤脚、前片膝衬（注意整里）、臀部、门襟处、袋口处（尤其是冬季服装）。其他如刷马裤时，小腿拉锁或钮扣处应为重点；刷灯笼裤时，应把松紧带拉直横力刷洗；遇戏剧舞蹈裤时要注意裤脚处的装饰应用虚刷，如彩条，花边，亮边等装饰。

9. 刷洗裙类服装的操作原则：裙子款式较多，一般无固定的操作规程，通常遵循下列原则即可：先正面后反面，先面后里及腰，由开叉处顺刷一周。

10. 搓洗工艺的原理：搓洗是一种传统的洗涤方式，是利用搓板的楞条与衣物所产生的磨擦力，在水、温度和洗涤剂的共同作用下，完成洗涤的过程。

11. 搓洗工艺适用范围：凡不适合机洗和刷洗的衣物可以采用搓洗的洗涤方法，视具体情况不同，可分为以下几个方面：

（1）脏净程度：不太脏或以水溶性污垢为主体的脏衣物。

（2）数量和大小：小件或数量极少而机洗会造成浪费的。

（3）形态：条状物品机器不能发挥作用的。

（4）颜色：娇嫩和易褪色衣物。

（5）组织结构：质地细薄，组织结构松散的，如针纺织品。

（6）从质料上分：

棉织品：除帆布、线毯等特厚或硬度大的织品外其他各类棉织品与棉混纺品、化纤织品、绒类制品和麻织物都可搓洗。

丝织品：一般丝织品包括绒类丝织品都可搓洗。其中纱、纺、罗、络、绒、绵绸搓洗后的效果更好。对一些较厚织物如缎、葛、绵、呢、柞丝制品应以刷洗为好特别提出的是丝绸衣服不能搓洗。

毛织品：精纺中的平纹细薄织物（衬衣类），混纺中的拉毛制品及各类勾编织物均可搓洗，其他应以刷洗为好。

化纤织品：对于单衣类化纤衣服都可以采取搓洗的方式而对于冬衣类较厚、较硬衣物应采取其他的洗涤方式。

其他方面：特旧特破衣物、较硬衣物或衣物中的较硬部位不可搓洗。饰物复杂多样的衣服不能搓洗。

12. 拎洗的概念：拎洗就是衣物在洗涤液内的上下冲涮，凡采用这种方法洗涤的都称之为拎洗。

拎洗广泛存在于手工洗涤的各道工序，除少数衣物用拎洗方法单独作业外，绝大部分都作为辅助洗涤手段。当然，以拎洗为主的单独洗涤，也应配以其他的辅助洗涤手段如刷、搓等。

13. 揉洗的概念：所谓揉洗，即把整体衣物的个别部位，个别饰物团合在一起的洗涤操作方法。

揉洗一般在盛有洗涤液的溶器内或洗衣板上操作，其工艺简单、安全、但应用不太广泛。

14. 挤洗的概念：所谓挤洗，就是利用衣物在膨松或收缩运动时，吸收和排出水分或洗涤液的一种操作方法。它不同于刷、搓、拎、揉，因为它不能独立完成洗涤任务，而只是上述洗涤工艺中常用的一种基本手法。

15. 棉织物的水洗特点：由于棉织物无静电、吸汗性强、透气性好、穿着舒适等诸多优点，近年来又重受青睐。棉纤维遇水后，伸长率为 4%，耐拉强度增加 2%，同时棉纤维还具有耐碱性的特点，所以棉织物最适合水洗。

16. 棉织物遇水后的特性：棉纤维遇水后，伸长率为 4%，耐拉强度增加 2%。

17. 高级棉衬衫的特点：高级名牌纯棉衬衫是用 80 支纱或 100 支纱纯棉府绸制作的。由于是精纺织品，价格昂贵，洗涤时要特别小心。

18. 高档针织衫的洗涤要点：高档针织衫除了纯白色的外，多数是用两种以上颜色纱线制成的。高档纯棉 T 恤衫上都附有商标或刺绣的装饰物，颜色各异。洗涤时为了防止由脱色而造成的串色或搭色，不能用高温，也不能浸泡时间过长。洗涤时动作要快，脱水要净。

19. 床单被里的洗涤要点：在这类纯棉织物中，白色的和有色的洗涤方法有所差异。洗白色织物时，可以在高温下进行洗涤，并可以在洗涤液中加入适量的漂白粉或漂液。洗有色织物时，为防止褪色却不能用高温洗涤，只可以在 30℃ 左右进行洗涤，单独使用普通洗衣粉就可以了，也不必加碱。除此之外，两者的洗涤工艺基本相同。

洗涤时，选加酶洗涤剂，用揉搓法或刷洗法对污染的重点部位进行去渍处理，然后用普通洗衣粉（或加碱）机洗 10～15 分钟，再用温水将织物漂净，脱水后即可晾晒。对这类白色纯棉织物可以用双氧水进行漂白用荧光增白剂增白。

20. 色布套装的特点：色布套装包括羽绒服的活面，这类服装的色泽都比较鲜艳。因此在洗涤时，要按颜色的不同分别进行洗涤。

21. 纯棉绒类服装的洗涤方法：洗涤纯棉平绒、灯芯绒衣物时，先把衣物用洗衣机进行冷浸和预洗，然后用肥皂对污染重点部位进行刷洗。刷洗时用力要轻以防使局部脱色或使平绒倒伏、灯芯绒脱绒。衣物经刷洗后可用洗衣粉在常温下机洗 15 分钟，最后用温水和冷水漂净，脱水晾晒。

22. 牛仔裤的面料特征：牛仔装面料是用低支纱线织作的，组织结构愈紧密、密度愈大，遇水后就愈硬。由于牛仔装遇水后发硬，这就给洗涤造成一定的困难。

23. 牛仔裤的洗涤方法：洗涤这类服装时首先要对其进行冷浸然后再用肥皂进行刷洗。经刷洗后再用洗衣粉进行机洗。洗涤温度最佳为 50℃，洗涤时间为 15 分钟。最后用温水和冷水漂净、脱水晾干。

24. 洗涤真丝织品应注意的问题：丝织品是纺织品中的精品。丝织品轻逸滑润、柔软舒适、颜色艳丽、光泽美观、无静电感，不刺激皮肤、吸汗性和透气性良好，深受人们喜爱。

丝织品并非完美无缺，受水影响变化很大，比如桑蚕丝遇水后能伸长46%，耐拉强度下降14%，容易发生变形走样，在洗涤时若不注意保护，就会发生破损。为了防止这类问题的出现，在洗涤丝织品时要做到4保护，即保护质料、保护纹路、保护鲜艳颜色、保护天然光泽。丝织品的品种很多，有绫、罗、绨、锦等，由于丝织品的组织结构是多种多样的，因此在洗涤丝织品时，要根据丝织品组织结构和颜色的不同，分别进行洗涤，避免发生翻丝、并丝、色花、色绺等现象。

丝织品的着色力较差，遇水后易于脱色，因此在洗涤丝织品时水温不宜过高，温度过高就会使丝织品发生严重脱色且丧失丝织品的天然光泽。

在洗涤丝织品时不可使用肥皂或碱性洗涤剂要用专用的洗涤剂或用优质的中性洗涤剂。在洗涤丝织品时不要使用洗衣机或用力搓洗或刷洗。要用大把轻轻揉搓的方法进行洗涤。对丝织品漂洗要彻底脱水时不能绞拧可用洗衣机脱水筒脱水。

丝织品水洗后进行浸酸处理可以增加丝织品的鲜艳光泽。

25. 薄型丝织物的洗涤方法：在洗涤薄型丝织衣物时，要用手洗法。一是要轻，二是要快，水温不应超过30℃。要用丝织品专用洗涤剂或用中性优质洗涤剂先对衣服的领口、袖口等污染重点部位用软毛刷进行轻轻地刷洗；然后把衣物放入洗涤液中，大把轻轻揉搓，把整件衣服全部揉搓一遍之后；再用清水漂洗干净。

为了使衣物能恢复原来的自然光泽，应把漂净后的衣物进行浸酸处理。脱水不能绞拧，可用脱水筒或干毛巾脱水：用清洁的十毛巾将衣物包起来放入脱水筒里进行脱水，防止损伤衣物。还可以把漂净后的衣服放在洁净的干毛巾上，再在上面盖上一条干毛巾，然后卷起来，让毛巾把衣服上的水吸干，这种脱水的方法能够保证衣服的安全，使衣服不受损伤。

26. 真丝乔其纱面料的特点：乔其纱是一种轻薄的生织丝绸，主要由干纹织成，其中经丝和纬丝都加了强捻，在经纱和纬纱排列时，都采取了两根左捻、两根右捻的方式，从而使乔其纱面出现细微、明显的孔隙。这不仅增强了挺括感还增强了透气性。这是乔其纱的独特风格。

27. 柞丝绸面料的特点：柞丝绸是柞蚕丝织物，是我国的传统丝绸品种。柞蚕丝强度高，尤其是水湿后更为明显。柞丝的抗酸、抗碱性和吸湿强度都比桑丝好。由于柞丝绸坚牢耐穿、富有弹性、透气性好、穿着舒适、有冬暖夏凉之感因此柞丝绸服装深受人们喜爱。

柞丝绸缩水性很大，在水洗时会发生缩拢，晾干时也会发生卷曲。这是柞丝绸的特性。

28. 毛织物的洗涤性能：毛料服装价格都比较昂贵，这类服装在水洗中和水洗后都易出现一些问题。因为羊毛纤维遇水后伸长率变化较大，耐拉强度又有所下降，水洗时极易破损，洗后会走样变形。另外，大部分洗涤剂都呈碱性，而羊毛纤维又耐酸不耐碱，使用洗涤剂有损于衣物的质料，所以毛料服装不适宜水洗，干洗最为合适。

29. 毛织物的水洗要点：在不具备干洗条件的情况下要使毛料服装达到去污的目的只好进行水洗。但必须要采取有力的措施来克服水洗所带来的缺点，又能达到去污的目的。由于羊毛纤维具有耐酸不耐碱的特性，在洗涤毛料服装时，应选用专用洗涤剂或优质中性洗涤剂，洗后还要进行浸酸中和处理，来清除残碱对毛纤维的危害。

羊毛纤维具有缩绒性及可缩性的特点，在洗涤羊毛织物时，要控制机械作用力，以防止因机械作用力过大而使毛纤维间发生吻合出现过度的缩水变形或擀毡现象。毛料在高温下受作用力影响能出现褶痕，为了避免这种现象的发生，在洗涤毛料服装时要掌握好洗涤温度，使其控制在 30 ~ 40℃之间决不能使洗涤温度过高而使毛织物造成死褶。用刷洗法洗涤毛料服装时，为防止服装退色或局部退色或出现条状及块状印迹，刷子要按纹路走，用力要适当，做到二平一匀。即洗衣板要平、衣服要铺平、刷子要走平、用力要均匀。

由于羊毛纤维遇水伸长系数很大，耐拉强度下降幅度也较大，所以洗涤时间不宜过长、机洗时间 2 ~ 3 分钟即可，否则容易造成破损。

纯毛料服装漂洗要彻底避免晾干后出现印迹。

晾晒时，要挂置在室内通风处阴干，忌日晒和火烤。

30. 羊绒衫的手工水洗方法：羊毛衫、羊绒衫及纯毛编织衣物，组织结构松散，着色牢度较差。洗涤时温度不可过高，作用力不可过大，防止脱色及变形。洗涤这类衣物要选用羊毛衫专用洗涤剂，或用优质中性洗涤剂。洗涤温度要依据衣物颜色而定，浅色的可以达到 40℃，深色及花色的为防止脱色，温度量高不要超过 30℃，在洗涤过程中动作要快，漂洗与脱水要紧凑，脱水要净，防止串色与搭色。

对这类衣物要用大把拎洗轻揉的方法洗涤。可以把衣物放在洗衣板上，用软刷对污染的重点部位进行刷洗，在把衣物从水中拎出时，要用双手托平，不能抓住一点就提出，以免衣物损伤或变形。脱水不能绞拧，只能用手将衣物轻轻挤干。浸酸后要把衣物叠好，或用毛巾包起放入脱水筒脱水，脱水后要整理好衣形并使其蓬松，挂在室内通风处阴干。

31. 纯毛地毯洗后边穗的处理方法：纯毛地毯边穗大部分都是白色的，洗后很容易被色水污染，只能在地毯晾干后进行漂白处理。漂白时，要用双氧水进行漂白。方法是用小板刷蘸上双氧水顺着毯穗垂向漂刷，待毯穗被漂白后再用毛刷蘸清水进行刷洗，把残留在毯穗上的双氧水刷掉，以防损伤质料。

32. 粘纤织物的洗涤性能：纯粘胶织物有人造棉、人造丝、人造毛三种。

粘胶纤维织物悬垂性大，抗褶皱力很差不耐磨，着色牢度较低。粘胶纤维遇水变化较大，伸长率达 35%，耐拉强度下降 53%。粘胶纤维织物水洗不仅易变形，同时也很容易破损。所以洗涤时不能施用较大的机械力也不适宜用洗衣机洗涤只能采用人工揉搓法洗涤。其中人造毛织物遇水后，纤维会极力膨胀变粗变硬，再加静电感较强的原因，污垢与纤维结合的很牢固，为此，对其污染严重的部位只能用刷洗的方法进行洗涤。

洗涤粘胶织物，对洗涤剂的要求并不严格。水温在 30～40℃之间为宜。要用冷投法漂洗。总之，在洗涤粘胶织物的过程中，用力要轻要均匀，避免使衣物损伤或变形。

33. 羽绒服装的洗涤要点：羽绒服装的面料，多数选用尼龙绸或涤棉织物。这些织物组织结构紧密，对羽绒的封闭性较好，污垢多数附于表面而无法进入内部。因此在洗涤时润湿也较为困难，为此在洗涤前要预先进行浸泡。水温不宜过高，防止出现皱折或脱色，直到浸透为止。可选用去污力较强的洗涤剂，把浸透的衣物放入洗衣机内洗涤 20 分钟，水温为 40℃。洗后将衣服取出平铺在洗衣板上，用软毛刷洗一遍。把衣服里、面都刷净后再放入洗衣机洗涤 3～5 分钟，洗净后用温水漂洗两次，用冷水漂洗一次，再用醋酸进行浸酸处理，用脱水桶脱水。脱水后，将衣服抖散、拉平、挂起阴干。衣服晾干后再用藤棍敲打，使鸭绒蓬松，恢复原来状态。对带有套面的羽绒服装，可以将其分开后分别进行洗涤。

34. 人造革服装的手工水洗方法：这类服装面料是以棉纱布为底坯涂上聚氯乙烯等化工材料经加工而成的。外观近似真皮革，可以达到以假乱真的地步。价格便宜，并具有一定的保暖性。但它在遇热后马上冷却就会变硬，时间久了容易老化。这类衣物不能干洗，只能水洗。

洗涤时，将衣物用温水浸泡后，用软毛刷蘸洗衣粉，对污染严重部位进行去渍处理，然后用 40℃温水加入洗衣粉将衣物进行机洗。洗涤时间不宜过长，一般 5 分钟即可。用温水漂净后用脱水筒脱水。脱水后用毛巾擦去衣物上残留的水珠，避光挂在通风处阴干。晾干后对带绒毛的衣物可用软刷进行整理。这类衣物不能熨烫，晾干后就可穿用。

35. 太空棉服装的洗涤要求：太空棉又叫金属棉，它有很强的热反射作用。用太空棉制作的服装，可以把人体的外辐射热能反射回人体，从而达到保暖作用。

洗涤这种服装时，不能干洗，只能水洗；不能搓洗，只能刷洗。其目的是保护金属免遭破坏。也可用洗衣机低档洗涤，对洗涤剂要求不严，一般洗衣粉就可以，但漂洗要净，用脱水筒脱水后，架起自然阴干即可。

36. 刷洗“三平”的原则：“三平”的内容和次序是：洗板平，衣物铺平，刷子走平。这是刷洗过程须遵守的基本原则。

（1）洗板平，顾名思义，所使用的洗板要平整、光洁。但实际情况往往不同，由于洗板闲置时间较长或由于气候干燥，致使洗板出现裂缝，又由于长期使用洗板出现凹凸不平，也有的是在制造时选材不佳而出现疤痕，这时我们在铺放衣物时应尽量放置在平整的地方，在躲不开洗板伤残处时，应小面积铺在平整处刷洗衣物。

（2）衣服铺平，铺平是指衣物里、外面平整要达到一致，不能有一处的折皱，否则会使衣物洗后出现花绺事故。衣服铺不平的原因大都是做工粗糙所致。

把衣服横向提起一侧并轻轻抖动，使衣服衬里滑向另一侧，使要刷的部位保持平整，即可操作，操作完毕再以同样的方法去刷另两侧。

对局部不平现象可撒上些水或洗涤液，然后用手摆平。如：口袋、袖里等处。

遇有特殊情况如款式奇特复杂、做工低级粗劣而铺不平又不能洗涤的衣服时，除使用局部依次洗涤的方法外，还可把下摆或衣袖口处的缝线全部或部分拆开，铺平洗净，干燥后再按其原样缝好。

（3）刷子走平，就是要保持板刷在运动状态下的平衡。它的前提是建立在洗板平和铺平的基础上的。要想刷子走平，要求板刷运动过程中其刷毛部分应全部接触织物表面，而保持水平式运行状态，不允许出现忽高忽低、忽左忽右，时而刷前部时而刷后部的现象发生。

37. 虚刷技巧的概念：虚刷，即刷洗过程中所使用的假力、小力和轻力而不是实在的力。这种力多靠腕和小臂发出。此时板刷和衣物表面的接触呈若有若无的状态，看上去接触衣物，实则力量很轻，有时看上去没有力量，实际上是运用一种既均匀又轻巧的力量。

38. 搓洗力量的运用：搓洗所用的主要是一上一下的力，下力重，上力轻。下力主要用手掌的根部，其力量较大。上力是把衣物由下至上的提拉，与搓板发生轻度磨擦，力量较小。把衣物由下往上提时，千万不要使用大力。

39. 荧光增白剂的特性：荧光增白剂实际上是一种近似无色的染料。它能被纤维吸附而固着于纤维上，并具有一定的耐洗牢度。荧光增白剂能够吸收紫外光线，而放出蓝紫色的可见光，与织物上反射出来的黄光混合成为白色，从而使织物达到增白的效果。由于用荧光增白剂处理后织物返射光的强度增大所以亮度有所提高。

40. 常用荧光增白剂的色光：荧光增白剂的品种很多，棉用、丝用和毛用的荧光增白剂可溶于水中，而涤锦等化纤用荧光增白剂，则不溶于水。另外，不同的品种又带不同的色光，常用的多为带蓝、紫光，但也有带黄光或红光的。

（二）干洗

1. 四氯乙烯干洗剂的调配方法：在四氯乙烯的使用过程中，其PH值是一项需经常检查的数值，如发现其有偏酸的现象，就应调整，以保持其中性；为保持浅色和白色衣物洗涤后艳亮洁白，洗涤前在四氯乙烯中需加入增白增亮助剂；洗涤需要做特别抗静电、增柔、除菌处理的衣物，需在干洗剂中加入一定量的柔软、除静电和灭菌助剂加以配制后洗涤。

2. 干洗注液程序的编制：干洗注液程序包括：液泵填注、液箱加液、过滤器加液三步。

3. 干洗手动清洗程序的编制：手动清洗过程（一次洗涤程序），共包括装衣、清洗、取衣三步。装衣不应超过干洗机标准装载量的75%；清洗程序共八步：步骤1：从液箱注液到转笼的程序编制；步骤2：洗涤程序编制；步骤3：回液到液箱程序编制；步骤4：高脱回液箱程序编制；步骤5：高脱延时程序编制；步骤6：松衣程序编制；步骤7：烘干程序编制；步骤8：强回收（除臭）程序编制；开门取衣程序编制。

4. 排除干洗机故障前应先检查的项目：排除故障前，先检查以下项目：确认对机器的所有操作均是适当的，机器的各种管路和连接均完好无损；切断机器电源。

5. 干洗机高速液脱剧震的原因：干洗机高速脱液时剧烈振动的原因是：

（1）机器安装时未校正水平。

（2）主轴承座内轴承损坏应更换轴承并注意加注润滑脂。

（3）主轴承座与外壳后墙板连接松动。

（4）洗涤服装超重应不大于额定容量。

（5）洗衣缸体内溶剂未排完就高速脱液。

6. 干洗烘干时间过长的原因：烘干时间长或烘不干的原因是蒸汽压力不符合要求、疏水阀不动作、烘干加热阀打不开或开不到位、回收室集尘袋内绒毛太多、风机旋转方向相反或故障、冷却水不足或冷却水阀故障、制冷机组故障、服装太多、回收装置至抽水分离器管路堵塞、烘干冷却器集积大量绒毛。

7. 干洗蒸馏时间过长的原因：蒸馏速度慢时间长的原因是：（1）蒸汽压力不足；（2）疏水阀失灵；（3）冷却水不足或冷却水电磁阀故障；（4）蒸馏冷却器被堵；（5）进蒸汽阀开不到位或打不开；（6）蒸馏箱内污物杂质堆积太多。

8. 干洗机自动阀门打不开的原因：干洗机各种自动阀门打不开或开不到位的原因是：（1）气动电磁阀堵塞、漏汽或失控、损坏；（2）压缩空气压力不足；（3）汽缸活塞密封圈损坏；（4）阀杆被异物卡住；（5）气管漏气；（6）气动系统空气油雾器未加油；（7）电气故障。

9. 蒸馏后溶剂太脏的原因：蒸馏出的溶剂太脏或含水太多的原因是：（1）蒸馏箱内溶剂液面太高；（2）油水分离器内溶剂太脏未及时更换；（3）蒸馏箱下部蒸气室破裂，造成水蒸气进入蒸馏箱溶剂中，产生积水；（4）蒸馏冷却器盘管破裂；（5）烘干冷却器盘管破裂，造成大量水进入油水分离器；（6）蒸馏箱内脏溶剂中含有洗衣粉等杂质，使蒸馏时产生大量泡沫，涌入油水分离器中。

10. 干洗衣物产生收缩的原因：干洗后的服装皱褶或收缩的原因是：（1）溶剂中含水量多；（2）烘干温度太高；（3）装入的服装太多；（4）洗涤系统漏水。

11. 干洗衣物不净的原因：干洗服装洗不净、串色或洗坏的原因是：（1）储液箱或过滤器内溶剂较脏或助滤粉受潮失效；（2）服装口袋内有脏物或硬物；（3）塑料钮扣等溶化；（4）衣物上含有盐、酱油、锈、淀粉等污渍；这些污渍不能通过干洗去除，只能在去渍台上用专用去渍剂去除；（5）洗涤时间太短；（6）过滤器滤布损坏，滤器内脏溶剂和助滤粉等进入洗涤转笼污染服装面料。

12）干洗机加液时机内溶剂流量过少的原因：干洗机加液时，进入洗衣缸溶剂流量少的原因是：（1）过滤器滤布堵塞；（2）溶剂不足；（3）加液时有关自动阀未打开而其他自动阀打开；（4）抽液泵故障。

13. 干洗过程中溶剂耗量过多的原因：溶剂耗量过多的原因是：（1）服装未烘干就取出；（2）蒸馏箱清除污物时，液状残渣含大量溶剂；（3）蒸馏箱破裂，产生泄漏；

(4) 储液箱裂纹，产生泄漏；(5) 某自动阀门泄漏或有关容器的封口及管道密封性差；(6) 出风阀密封盖或密封圈损坏，溶剂被风机排至室外；(7) 溶剂进入冷却器排出机外；(8) 每次洗涤的服装量太少。

14. 干洗机液泵流量不足有鸣叫声的原因：液泵流量不足或有鸣叫声的原因是：(1) 液泵底部有杂物或泵叶松动；(2) 机械密封件损坏；(3) 液泵转向不对，按要求调整转向；(4) 液泵电动机故障；(5) 有关自动阀门故障。

15. 压缩机不能启动的原因：压缩机不能启动或启动后立即停机可能的原因是：电源没电、电压不够、缺相或电熔丝烧断：压力控制器未能调整好；水冷凝器水阀未开；压力控制器未复位；压缩机排出阀门未开。

16. 全自动石油干洗机液温过高的原因：洗净行程中，液温达36℃以上时，要检查是否将溶剂冷却装置的温度定在25℃，安装制冷设备，使用热交换器时，附设的空调设备电源合上否；按下功能键（只设定脱液）；按下启动键，运转设备。（进行衣物脱液）；除此外，脱液后，关闭本机总开关，检查附设的空调设备，检查是否因滤芯堵塞引起流量低下，检查液温热敏电阻是否有故障。

17. 石油干洗洗净度判断的内容：衣物洗涤后，判断它的洗净度应从下面几个方面观测：(1) 洗后衣物有无损伤、串色、搭色；(2) 污渍去除后是否留有痕迹；(3) 清洗后衣物是否清爽、整洁、柔软、白色织物是否泛黄；(4) 衣物有无变色、褪色、变形；(5) 钮扣、夹里及衣物的其他附件以及饰物有无变形、受损等。

18. 四氯乙烯干洗机的类型：目前使用的四氯乙烯干洗机有两种类型：一是开启式干洗机，二是全封闭干洗机。

19. 干洗机洗涤系统组成：干洗机洗涤系统一般由内转笼、主轴和轴承座、电动机、大小带轮、罩壳等组成。服装的洗涤与烘干均在这个系统内完成。

20. 干洗机烘干回收形式：目前干洗机的烘干回收系统有两种形式：制冷式回收和水冷式回收。

21. 制冷式回收的含义：采用制冷式回收四氯乙烯的干洗机，又称全封闭干洗机。它的烘干回收系统由风机、烘干、加热阀和加热器、回收室、集尘袋、制冷压缩机组等组成。全封闭干洗机冷却除臭则不把机内空气排到室外，而是像烘干时一样，在机内进行循环冷却回收，反复循环，经过数分钟后服装冷却下来。而服装上残留的溶剂气体则在冷却过程中被回收。全封闭干洗机不但干洗溶剂消耗少，而且对环境污染很小，属环保型机械。

22. 水冷式回收的含义：水冷式回收四氯乙烯干洗机称开启式干洗机。烘干回收系统由风机、烘干加热器、进风阀、出风阀、烘干冷却器和冷却水阀、回收室、集尘袋等组成。冷却除臭时，关闭加热阀，进出风阀打开，风机、烘干冷却器、内转笼继续工作，使空气通过进风阀进入机内，在风机叶轮高速旋转的带动下，形成较强的气流，流经被烘干的服装，把服装上一些残留的溶剂气味通过出风阀排往室外。这样的程序，可以使未能被彻底烘干的服装上残留的四氯乙烯被空气带走。这样做对环境会造成一定的污染，同时造成干洗溶剂的浪费。这两个问题是开启式干洗机逐渐被淘汰的原因。

23. 烘干回收的工作流程：烘干回收工作过程分烘干和冷却除臭两个阶段。烘干时，内转笼做低速正、反方向运转，烘干加热阀打开，压力蒸汽进入烘干加热器，冷却水阀打开，冷却水进入烘干冷却器（制冷回收式为压缩机组运转）。风机运转，强制空气流动，经烘干加热器使空气被加热后，进入内转笼与含四氯乙烯的被烘服装接触，使四氯乙烯受热蒸发成气体，再被风机抽入回收室，通过集尘袋过滤，进入烘干冷却器（制冷回收式蒸发器），热空气内的气态溶剂通过冷却变为液态，通过管道流入油水分离器。冷却后的空气被继续吹送到辅助加热器（水冷回收式无辅助加热器）、烘干加热器再加热，再进入内转笼加热被烘干服装。如此反复循环，直至服装烘干，完成烘干回收过程。

24. 油水分离器的用途：油水分离器是用来去除溶剂内水分的。油水分离器是利用水和溶剂之间的不相溶性和水与溶剂密度的不同而设计的。水的密度为1，而溶剂的密度约为1.62，因此水永远都浮在溶剂的上面。浮在上面的水通过排水管排出机外，沉在下面的溶剂通过排流管流入清洁箱。

25. 油水分离器的结构组成：它由箱体、观察窗、排水管和排液管组成。箱体是储存蒸馏和烘干回收溶剂的容器，侧面装有观察窗，上部焊有排水管。排液管弯成90度直角，其水平位置的管口为出液口，焊接在排水管口下25～30cm位置的箱体上。垂直位置的管口为进液口，浸没在箱体下部的溶剂内。

26. 卡式过滤器的组成部件：卡式过滤器是由过滤器筒体及若干个标准的过滤芯组成。过滤芯由高质量的过滤纸和活性炭组成。当脏的干洗溶剂流经卡式过滤器时脏溶剂中的污垢微粒及色素等被吸附在滤芯上，过滤后的溶剂就会变得相对干净。

27. 使用卡式过滤器的压力要求：滤芯经长期使用积累脏物较多时，会影响干洗溶剂的流速，使内部压力增大，这种现象可通过过滤器的压力表观察到。一般地，当压力超过0.2MPa时就必须更换滤芯了。

28. 离心式过滤器的组成部件：离心式过滤器由筒体、空心轴、装在空心轴上紧密叠成一排的尼龙过滤布、电动机及带轮等组成。在筒体的两端装有封头，两端封头内装有密封圈和轴承。密封圈的作用是确保筒体内的干洗溶剂不渗漏到轴承内。空心轴装在筒体内，以筒体两端的轴承支撑，一端伸出筒体端面封头，安装带轮。空心轴的外表面，密布着很多孔眼，干洗溶剂经尼龙滤布过滤后可通过孔眼进入空心轴内，再经过安装在空心轴另一端的管道输出。

29. 离心式过滤器的清洁方法：当脏物在过滤器内积累过多时，会影响流经过滤器的溶剂流速，使内部压力增大，一般在过滤器压力表显示为0.15MPa时，就必须对过滤器进行清洁。清洁方法：开启清滤电动机约10s左右带动空心轴和尼龙过滤布一起转动，使吸附在滤布上面的脏物连同助滤粉、炭粉等在离心力的作用下一起被甩离过滤布。打开过滤器与蒸馏箱的连通阀，把过滤器内的溶剂排到蒸馏箱内。这时清洁过滤器工作已完毕，再通过捕集器向过滤器内加助滤粉和炭粉，以备下次过滤时用。

30. 组成干洗机外壳的部件：干洗机外壳由筒体、前（后）墙板和进（出）风口等组成，是储放洗涤时的干洗溶剂并支撑轴承座、主轴内转笼、烘干回收系统等洗衣机主体的壳体。烘干回收室与外壳进、出风口相连，使它们形成一个封闭的通道。轴承座安装在外壳后墙板上，外壳前墙板上焊有一个圆形的门法兰，用于安装前门。在门法兰与前墙板之间，焊有一个连通外壳进风口的通道，它的作用是在烘干时，被风机吹送的气流经过外壳进风口，再通过该风道进入内转笼。

31. 干洗机装卸门的组成结构：前门安装在外壳门法兰上，是装卸服装的通道。前门由铝合金浇铸后通过机床加工而成，在其上面安装有把手、铰链、门玻璃、密封条和锁紧机构。门玻璃通过圆形压板利用螺钉固定在门的底平面上；密封条用氟橡胶制成，嵌在门的槽圈内，门关闭时，作用在门上的压力将密封条与门法兰贴紧密封。门铰链是门开闭时的旋转支点，安装在门的右边。在门的左边装有把手和锁紧机构，锁紧机构由汽缸、连接板、搭钩和定位片等组成。关门时，把连接板套在搭钩上，水平转动把手，把门关紧。启动机器运行时，汽缸将会把活塞杆顶入定位片的孔内而锁定，确保机器在运转时门无法被打开，从而起到安全保护作用。另外，在门把手附近还装有一个行程开关，用于检测门的开闭状况，当门处于打开位置时，干洗机将无法启动。

32. 捕集器在干洗工作中的作用：捕集器是由密布小孔的不锈钢金属篮及箱体、盖等组成，箱体的进液管与安装在外壳上的放液管相连接，箱体上的放液管与捕集器放液阀相连接，设置于抽液泵之前的管道上。其作用是对外壳内的洗涤溶剂通过金属篮进行粗过滤，滤去那些在洗涤过程中从服装上掉下的杂质，如钮扣或一些呈颗粒状的东西，以保护抽液泵和过滤器。

33. 空气过滤器的作用：为气动系统提供清洁干燥的气源。它采用旋风叶片分离水分，铜粉烧结滤芯微孔截留尘埃，存水杯外有防护罩，具有分离效率高，使用寿命长，安全可靠等特点。

34. 石油溶剂冷洗涤方式：石油溶剂干洗机分为冷洗式和热洗式。冷洗式包括洗净和脱液分别在两台机器内进行的开放式和洗净和脱液由 1 台机器完成的两种。

35. 石油溶剂热洗涤方式：石油溶剂干洗机分为冷洗式和热洗式。热洗式是一种从洗净到干燥均由一台机器来完成的石油干洗机。

36. 石油溶剂干洗机过滤器的作用：过滤器的作用主要是清洁洗涤过程中的溶剂。清洁溶剂时，需要除去废物、砂土、纤维头等固体污物和油脂、色素及其他脂肪酸等溶解性污渍。

37. 干洗常用助剂：干洗过程中常用化学助剂有表面活性剂类的枧油、抗静电剂、柔软整理剂、四氯乙烯消泡剂及杀菌剂和酸性中和剂、增白增亮剂等。

38. 干洗酸性中和剂的定义：酸性中和剂是指对酸具备中和作用的含氧、氮或醇类的化合物专用于四氯乙烯干洗溶剂中。

39. 干洗使用酸性中和剂的目的：四氯乙烯溶剂在蒸馏回收循环使用过程中，PH 值将会慢慢减小，向酸性方向发展，对洗涤的洁净度及机器都会造成不良影响。当其

PH 值下降时加入酸性中和剂使四氯乙烯在使用过程中保持其稳定性。

40. 干洗使用酸类助剂的作用：酸类助剂指在干洗过程中，与干洗溶剂发生化学反应后起到漂白、增亮作用的酸类化学物质。它适用于各种干洗溶剂中，在洗涤白色或浅色、彩色衣物时加入，可保证洗涤后的衣物增白效果明显，色泽鲜亮。

（三）皮革制品的洗涤保养

1. 皮衣清洗的意义：清洗是所有皮革制品保养中最关键的第一步，而“看皮洗衣”则是保障安全清洗并达到良好洁净效果的基础。

2. 极软高档皮衣的特点：极软高档皮衣光泽较亮、自然，手感绵柔丰满有弹性，有一定渗水性，颜料涂饰涂层较薄，粒面清晰多为单色。

3. 发泡起皱皮衣的特征：发泡起皱皮衣无光泽，手感柔软丰满厚实，渗水性强，遇水色深，涂层薄皮面有类似皱纹或发泡起结现象或杂色。

4. 剪绒革皮衣的特征：剪绒革皮衣自然光或无光，手感厚重、棉软、温暖，有较强渗水性，涂层较薄或无涂层，内里无衬而为羊剪绒。

5. 极柔高档光皮四氯乙烯的干洗程序：极柔的高档光皮四氯乙烯干洗程序为：（1）将皮衣按颜色分类，深浅分开洗涤；（2）将归类的皮衣表面或里衬重污处用预处理剂刷涂做预处理；（3）将皮革加脂剂按计量从钮扣收集器中加入干洗机。启动干洗机小循环，使加脂剂与四氯乙烯溶和后，大循环洗涤，洗涤温度≤15%，光面皮衣加脂剂 0.3kg，洗涤时间 8 分钟，烘干温度≤45%。

6. 普通皮衣四氯乙烯干洗的注意事项：脱液时，应缓慢进入高速脱，高速脱不宜超过 3 分钟，可多次启动，磨损重的皮衣适当缩短其洗涤时间。

7. 石油溶剂干洗皮衣的程序：由于石油溶剂的特性，其清洗皮衣有较好的安全性能，洗涤方式也较简单。需注意的是加强预洗。洗涤程序如下：（1）按皮衣深浅颜色分类洗涤；（2）预处理用石油与石油的混合液将污垢处轻刷；（3）放入石油干洗机转笼按普通织物的程序洗涤即可。不同的是洗涤时间应控制在 10 分钟左右，烘干温度控制在 50℃左右。

8. 苯胺、半苯胺光面皮衣的清洗方法：适用的清洗方法有手工清洗、机器干洗。

（1）手工清洗：对局部脏污或整件衣服脏污程度较轻的可采用手工清洗，清洗方法和步骤与普通光面皮衣相同。但需注意以下几点：①清洗用水最好是蒸馏水；②使用工具如毛巾一定要保证其洁净度；③干燥方式最好用自然晾干；④清洗剂忌用溶剂性材料。

（2）四氯乙烯干洗与极软光面皮干洗方法相同，但需注意以下几点：①加脂剂用量需加大约 0.3kg；②洗涤时温度最好控制在 10℃以下；③烘干温度可控制在 48℃以下；④洗涤时间可适当缩短 2 分钟。

9. 发泡起皱皮衣机械水洗注意事项：发泡起皱皮衣机械水洗应注意：（1）在主洗过程中也需检测洗液的 PH 值，控制其不得超过 7；（2）在进入烘干时，尽量使皮衣脱水彻底；（3）水洗干燥后的皮衣必须进行摔柔；（4）经过摔柔并彻底干燥后的皮衣需进行奥烫整型后方可涂饰保养。

10. 绒面磨砂皮衣机械水洗注意事项：机器水洗发泡起皱革服装需注意以下几点：（1）深浅色分开洗涤；（2）洗涤时间可适当延长到5～10分钟；（3）洗涤温度控制在30℃以下；（4）烘干温度可控制在40℃以下；（5）干燥摔柔后还需要进行起绒处理。

11. 绒面磨砂皮衣四氯乙烯干洗注意事项：（1）浅色在进干洗机前，重垢处需喷涂强洗剂；（2）红色绒面皮衣应与深色一起洗涤；（3）干洗后皮衣还需做起绒处理。

12. 颜料涂饰的光面剪绒皮革手工清洗方法：颜料涂饰的光面剪绒革皮，其手工清洗与普通光面皮衣相同。内绒的清洗则需要选用剪绒革皮专用清洗剂与水稀释后，用干净毛巾沾液擦洗，边擦洗边用吹风机强干。干透后进行梳绒整理。

13. 机器干洗裘皮的要求：裘皮适合机器干洗，干洗的方法与绒面革相同，但在加干洗剂的时候为保证其毛质的光泽，还需在加脂的同时加入毛质光亮剂和防水抗静电剂以保证其蓬松柔滑的手感和油亮的真毛光度。

14. 皮革撕裂的粘补方法：皮革服装出现较大的撕裂口时要先将破口处平铺在台板上取一块略大于破口的无纺衬，从破口处放入，垫在破口处下面，将皮革结合剂涂入破口中（所使用的黏合剂，除专用的皮革黏合剂外，还可以选用树脂类黏合剂，但切不可使用501、502之类的万能胶。万能胶会使皮革变形，出现硬结，影响外观），再把裂口对齐整平，然后在上面垫一层棉布，用熨斗整烫定型，用涂饰剂涂盖痕迹。

15. 皮革破洞的粘补方法：皮革服装出现破洞时用一般的粘补方法无法修整只能用挖补的方法进行修补。具体方法如下：

首先，用刀具将服装的破洞处切割成一个方形或圆形的缺口，切割服装上的皮革时，刀口要向外倾斜。然后，寻找一片与服装皮革相似的皮块（可在皮革服装的边缘或底领处切割，要求皮革的花纹相对应），用刀切割成刚好能覆盖住缺口大小的皮块（皮块的边缘要向内倾斜），将垫在服装缺口下的无纺布和补丁皮块均匀地涂上胶合剂使修整部位有机地结合在一起，然后垫布用熨斗压烫促使其黏合。最后用同色涂饰剂涂饰。

16. 裘皮服装撕裂的修补方法：毛皮开裂为长口或三角口时，可以用细线缝合。线的松紧要适度，间距要均匀，裘皮毛要平顺。

17. 普通光面皮革的一次涂饰程序：指对皮衣的涂饰保养一次性完成的涂饰程序。首先用着色材料（色膏），按需上色衣服未经磨损部位的颜色，配出该皮衣的颜色。然后将成膜材料（此材料为已有柔软剂和固定剂成分的成膜剂）按该产品使用说明的比例加入色膏中，搅拌成均匀的涂饰剂待用。最后再用喷涂或揩刷的方法将此料均匀地涂饰于皮衣表面，待干透即可。

18. 普通光面皮革的二次涂饰程序：指由中涂和顶涂组成的两次涂饰过程。中涂指给皮衣着色的过程。顶涂指给皮衣着色做固定光亮及增加手感的过程。进行涂饰应注意：（1）涂层不宜太厚，特别是顶层要求轻薄；（2）涂饰层的配比应在产品的使用说明指导下进行；（3）每一遍涂饰应在上一道工序完成干燥后方可进行。

19. 生皮的概念：生皮是指直接从动物体上剥下，未经化学处理和机械加工过的动物皮。

20. 皮革的基本特性：皮革的基本特性是：皮革具有耐生物、耐化学物质作用的性能。它耐热且水煮不收缩，有良好的透气性，耐用耐曲折，不容易断裂，成型性能较好，表面丰满，手感柔软，具有一定的延伸性。皮革表面经涂饰后可以防水，经过染色处理，可以获得各种颜色的外观。

21. 裘皮的概念：裘皮是指将生皮的皮组织经过化学和机械处理后的动物毛皮。

22. 裘皮的基本性能：裘皮的皮板结构紧密，具有优良的保暖性。它质地轻便柔软、结实耐用，在外观上保留了动物毛皮的自然花纹特点。用裘皮制作的服装透气性、吸湿性较好，高雅华贵，实用性强。裘皮由毛被和毛板两部分组成。

23. 成膜剂的性能：成膜剂是涂饰剂中最主要的组分。其性能应达到如下标准：(1) 含固量高、遮盖力强；(2) 要求所成的薄膜应有一定的机械强度，应具有一定的耐磨性能和耐冲击性能；(3) 能适应寒暑四季的变化，具体要求在高温和天热时不发粘，低温和冷天时不发脆；(4) 形成的薄膜与被涂饰的革的延伸性要相适应；(5) 形成的薄膜与革面要有一定的粘合力；(6) 成膜轻薄，卫生性能（透气性、透水汽性）要好；(7) 具有较高的抗干、湿擦性能（做为顶层涂饰成膜材料此点尤其重要）；(8) 耐老化性能良好；(9) 有良好的光泽。

24. 着色剂的性能要求：皮革着色剂多选用颜料膏和染料。颜料膏的性能主要体现在颜料膏的颜色、着色强度、遮盖力、颜料粒度、颜料膏的稳定性及与涂饰剂中其他材料的共伍性方面。其性能也应达到以下几点要求：(1) 含固量高、遮盖力强；(2) 颗粒细、成膜薄；(3) 颜色鲜艳，色谱齐全；(4) 颜色耐久性好、稳定性好，即耐热、耐光、耐寒、耐机械力强，保质期较长。

25. 皮革涂层发粘的产生原因：皮革涂层发粘产生的原因主要有：(1) 皮革服装涂层中含水量大，涂层未干透；(2) 柔软树脂比例量大；(3) 涂饰剂中增塑剂量过大；(4) 涂饰膜干燥不彻底。

三、洗后整理

（一）整烫

1. 喷水烫的定义：熨烫时将丝麻面料用喷水器喷湿并熨烫的方法称为喷水烫。

2. 焖水烫的定义：熨烫前先将丝麻面料用水布浸湿，并卷扎、焖水一段时间，再进行垫水布熨烫的方法称为焖水烫。

3. 喷水烫对丝麻服装颜色的影响：丝麻面料服装存在多色拼接、色牢度差的特点，只有喷水烫才能保证其色泽的安全性。

4. 丝麻织物熨烫的环境要求：熨烫丝麻织物时要保持工具和操作环境的清洁。如熨斗、水布、干布、烫布和熨烫用水等都要清洁。

5. 丝麻织物熨烫方法选择：丝麻织物熨烫前要做好分类的准备工作，一般说来按白色、浅色、深色、多色、退色、多件等分类以决定喷水、焖水时间、温度等。

6. 丝麻织物喷烫的喷水量控制：丝麻织物喷烫时，喷水量应控制在30%左右。

7. 丝麻织物熨烫时焖水量的控制：对于面料较厚的麻织物焖烫时的水分控制在40%左右。

8. 丝麻织物喷烫时温度控制：丝麻织物喷烫时，熨烫温度控制在175℃左右。

9. 丝麻织物焖烫的温度要求：丝麻织物焖烫时，熨烫的温度应控制在200℃左右。

10. 丝麻织物喷水烫的使用方法：丝麻织物采用喷水烫时，烫衣前要做到喷水适量均匀，可先喷后烫，也可随烫随喷，此方法能保证在熨烫出现局部失误时修改。

11. 丝麻织物焖水烫的使用范围：焖水烫法适用于一般丝麻织物，对于面料较厚的麻织物效果尤佳。

12. 丝麻织物对焖水的时间要求：丝麻织物烫前的焖水要做到适量均匀，焖水要匀透，一般约半小时。

13. 掉色、有镶嵌织物的熨烫原则：掉色、有镶嵌物织物的熨烫要看其色牢度情况，应以不搭色、不串色为原则，烫前应对镶嵌物的色泽、牢度、质地、品种逐一检查鉴别。

14. 浅色丝绸衬衣衣袖熨烫标准：浅色丝绸衬衣熨烫时一般只烫表面，不烫反面，同时袖子要烫成圆袖。

15. 浅色丝麻衬衣熨烫前按颜色分类的原因：浅色丝麻衬衣熨烫前一般按白色、浅色、深色、多色、退色、多件等分类以决定喷水、焖水时间、温度等。

16. 丝麻织物的熨烫要求：丝麻织物的整烫步骤与其他织物基本相同，但由于丝麻织物纤维的特性，其整烫方法和手法上有较高的要求。

17. 真丝织物水洗后的影响：丝织品衣服伸缩性比较大，洗过以后经常有收缩。

18. 真丝织物整烫恢复尺寸的方法：做好拉伸工作，要将衣领、衣袖、贴边缝骨等地方拉平整，以保证能恢复其原来尺寸。

19. 真丝织物垫湿布熨烫的适用范围：一些比较厚的衣物适宜垫湿布熨烫。

20. 真丝织物垫湿布熨烫的方法：直接在衣物的正面垫上湿布熨烫。

21. 垫湿布熨烫较厚衣物的含水量：垫湿布熨烫较厚衣物时湿布的含水量在40%~60%。

22. 垫湿布熨烫较厚衣物的温度控制：直接在衣物的正面垫上湿布熨烫，熨斗温度控制在190℃~220℃之间。

23. 柞丝绸喷烫的操作方法：柞丝绸容易起水渍，喷水必须喷得细，直接熨烫衣物的反面。

24. 柞丝绸熨烫喷水量的控制：柞丝绸容易起水渍，喷水必须喷得细，含水量在5%~10%。

25. 柞丝绸服装熨烫温度的控制：直接熨烫衣物的反面，熨斗温度控制在155℃~165℃之间。

26. 麻织物商品的一般特点：麻织物布面平整光洁、富有弹性、凉透气性好、吸湿散热快。

27. 麻织物的色牢度特点：麻织物中的红、绿、咖啡等颜色因染色不够坚牢容易出现脱色现象。

28. 麻织物水洗后的骨线变化：麻织物衣件品种较多、较厚，洗后骨线位置容易收缩。

29. 麻织物熨烫时的抻拉部位：麻织物洗后骨线位置容易收缩，熨烫时必须将骨线等地方拉平整。

30. 麻织物熨烫时对温度的要求：一般衣物熨斗温度控制在175℃～195℃左右直接熨烫衣件的反面。

31. 麻织物熨烫时对速度的要求：熨烫麻织物衣物的温度较高，操作要快，否则容易损坏衣物。

32. 麻织物熨烫时对喷水的要求：麻织物熨烫时喷水要均匀，烫的过程要经常补充喷水，使水分充足，衣物才能平整光滑。

33. 麻织物熨烫前水含量的要求：熨烫前必须喷水，含水量在20%～25%。

34. 麻织物熨烫前喷水的操作：熨烫前必须喷水，最好喷水后将衣件卷起待一段时间让衣物充分吸透水分后再熨烫。

35. 白色麻织物服装熨烫温度：白色或浅色的衣件，也可以直接用熨斗熨烫衣物的正面，但熨斗温度要控制在165℃～180℃之间。

36. 麻织物熨烫反面时温度的控制：熨烫麻织物衣物的反面，一般熨斗温度控制在175℃～195℃左右。

37. 喷水烫的技巧：喷水烫丝麻织物可先喷后烫，也可随烫随喷。此方法能保证在熨烫出现局部失误时能及时修改。

38. 多色织物的熨烫方法：多色织物熨烫，可喷水，亦可焖水。要看其色牢度情况，应以不搭色、不串色为原则。润湿的时间应根据织物薄厚而定。

39. 烫前对服装镶嵌物的鉴别：带有镶嵌物的织物，烫前应对镶嵌物的色泽、牢度、质地、品种逐一检查鉴别，这类服装一般应以随喷随烫为好。

40. 对易起水渍服装的熨烫措施：个别丝麻衣物熨烫喷水时会起水渍，对容易脱色、易起水渍的衣物应及时喷水立即熨烫。

第六部分

理论知识试题精选

中级洗衣师理论知识试题精选

一、单项选择题（第 1 题 ~ 第 138 题。选择一个正确的答案，将相应的字母填入题内的括号中。）

1. 从事一定职业的人在特定的工作中所应（　　）的固定行业规范，称之为职业道德。

A. 了解　　B. 宣传

C. 遵循　　D. 制定

2. 良好的职业道德规范，有利于行业良性竞争和稳步健康地（　　），有利于促进社会生活稳定和经济的发展。

A. 发展　　B. 执行

C. 交流　　D. 竞赛

3. 在现代洗涤企业，只有各工序紧密协作，有着共同的敬业愿望，（　　），才能做好工作。

A. 各负其责　　B. 做好工作

C. 团结一致　　D. 服从领导

4. 洗衣师职业守则的（　　）就是优质服务。

A. 核心　　B. 内容

C. 范围　　D. 重点

5. 制定（　　）的目的就是对从业者负责，对消费者负责，对行业的健康发展负责。

A. 操作规程　　B. 职业技能标准

C. 职业守则　　D. 质量标准

6. （　　）具备四个方面的功能：即沟通功能、协调功能、维护功能、教育功能。

A. 店规　　B. 顾客须知

C. 礼仪　　D. 操作规程

7. 收衣工序的环节包括：听：（　　）；看：衣物基本情况；说：服务标准和效果；检：检查衣物缺欠；记：准确登记收衣单。

A. 顾客需求　　B. 询问价格

C. 要求日期　　D. 洗涤质量

8. 洗涤衣物之前需要依面料纤维种类、衣物颜色、（　　）、衣物原料的薄厚、特殊面料以及附件装饰物进行分类。

A. 衣物质量　　B. 污垢轻重

C. 不同款式　　D. 磨损情况

9. 水洗的基本工艺由预处理、（　　）、漂洗、后处理、脱水和干燥六部分组成。

A. 洗涤　　B. 主洗

C. 刷洗　　D. 机洗

10. 天然纤维包括（　　）、动物纤维和矿物纤维。

A. 人造纤维　　B. 植物纤维

C. 合成纤维　　D. 化学纤维

11. 在纺织纤维中化学纤维是个大家族，其中包括人造纤维和（　　）两大类。

A. 纤维素纤维　　B. 蛋白质纤维

C. 合成纤维　　D. 天然纤维

12. 表示的含义是不可（　　）。

A. 使用水盆　　B. 手工洗涤

C. 水洗　　D. 浸放在水盆里

13. 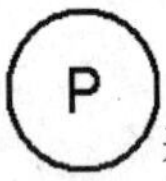

表示的含义是可以使用（　　）干洗剂。

A. 含氟

B. 四氯乙烯、三氯氟甲烷、石油、三氯乙烷这四类

C. 石油溶剂

D. 常规的所有

14. 污渍是污垢的一种，主要来源于人体（　　）和排泄物，自然界尘埃和动物、植物、矿物的物质，或工业原材料和化工品。

A. 皮肤分泌物　　B. 汗液

C. 脏物　　D. 皮肤

15. 湿性去渍剂主要包括中性洗涤剂、碱性蛋白酶、酸类、(　　)、甘油等。

A. 固色剂　　B. 交联剂

C. 增塑剂　　D. 氨水

16. (　　) 去渍法是指向织物上的污渍施用一定的机械作用力，使污渍由于揩拭的作用，脱离织物。

A. 喷射　　B. 浸泡

C. 强洗　　D. 揩拭

17. 能够 (　　) 水进行洗涤去污的各种洗涤化学原料、统称为洗涤剂。

A. 使　　B. 帮助

C. 利用　　D. 借助

18. 由于石油类干洗剂易燃、沸点高、沸程长、不安全，因此对使用 (　　) 的企业在安全方面 (申报通风、储存等) 有较严格的规定。

A. 其他干洗剂　　B. 四氯乙烯

C. 这类溶剂　　D. 氧化剂

19. 四氯乙烯能溶解 (　　)、油类、焦油、橡胶、天然树脂及芳香族有机酸。

A. 泥土　　B. 脂肪

C. 灰尘　　D. 环氧树脂

20. 干洗枧油具有优良的 (　　) 能力、抗静电能力、柔顺功能及清新的自然芳香。

A. 助洗　　B. 清洗

C. 去污　　D. 抗皱

21. 光面皮革衣物可以进行干洗，也可以采用手工清洗，洗涤后应该确保衣物洁净、均匀、(　　)、不抽缩、不变形。

A. 平整　　B. 挺括

C. 柔软　　D. 光亮

22. 干洗机就是利用干洗溶剂 (　　)、溶液过滤、脱液、烘干回收、净化洗涤溶剂，实现再循环工作的洗涤机械。

A. 的去污力　　B. 作介质

C. 进行洗涤　　D. 浸泡衣物

23. 常用洗涤设备的日常维护是洗涤工作不可缺少的 (　　)。

A. 制度　　B. 要求

C. 重要环节　　D. 培训内容

24. 石油干洗车间要放置禁火标志，因为石油溶剂焖点低，(　　) 能发生燃烧或爆炸。

A. 浓度大　　B. 环境温度低

C. 遇潮　　D. 使用不当

25. 使用四氯乙烯的企业要负责确保四氯乙烯安全的处理，使用及（　　）。

A. 储存　　B. 回收

C. 过滤　　D. 弃置或排放

26. 消费者权益保护法是（　　）人们生活消费所发生的社会关系的法律规范的总称。

A. 研讨　　B. 解决

C. 决定　　D. 调整

27. 织物用不同的纤维交织，用燃烧鉴别法来判别纤维时应（　　）。

A. 经纱、纬纱分别作鉴定　　B. 经、纬纱一起鉴别

C. 鉴别经纱　　D. 鉴别纬纱

28. 粘棉布、人造棉感观特征：布面光泽柔和明显、色彩鲜艳、（　　）、弹性较差、有飘逸感。

A. 弹性较好、手感光滑　　B. 平整光洁、手感柔软

C. 手感滑爽、挺括粗糙　　D. 手感滑爽、硬挺粗糙

29. 涤棉布纤维表面感观光泽较棉布明亮，布面平整洁净，手感（　　），弹性比纯棉好。

A. 硬挺、柔软　　B. 滑爽、平整

C. 滑爽、挺括　　D. 平整、挺括

30. 维棉布外观似纯棉布，但比纯棉布细密光洁，布面（　　），手感柔软、光滑。

A. 平滑　　B. 杂质少

C. 多纱头　　D. 多杂质

31. 丙棉布外观具有涤棉布的风格，（　　）、弹性好，但布面不如涤棉布光洁平整。

A. 挺括　　B. 平整

C. 硬挺　　D. 平滑

32. 毛涤混纺呢绒外观具有纯毛织物风格，呢面织纹清晰，（　　），手感有硬挺粗糙感。

A. 平整光滑　　B. 光洁挺括

C. 光滑挺括　　D. 平整爽滑

33. 腈纶纤维边熔化边缓慢燃烧，火焰呈白色略有闪光，有鱼腥臭味，灰烬为（　　）小硬球，脆而易碎。

A. 棕色　　B. 灰色

C. 褐色　　D. 黑色

34. 维纶纤维接近火焰时迅速熔融收缩，缓慢燃烧，火焰很小，呈（　　），灰烬为褐色硬块，可用手捻碎。

A. 棕色　　B. 红色

C. 桔色　　D. 蓝色

35. 丙纶纤维边（　　）边熔化燃烧，火焰明亮，呈蓝色，有烧蜡气味，灰烬为不规则的黑色硬块。

A. 卷缩　　B. 冒烟

C. 收缩　　D. 滴落

36. 氯纶纤维难燃，接近火焰时收缩燃烧，离火即灭，有氯气味，灰烬为不规则的（　　）硬块。

A. 褐色　　B. 棕色

C. 灰色　　D. 黑色

37. 粘胶纤维湿态断裂强度低，仅为干态强度的（　　）。

A. 60%～70%　　B. 10%～20%

C. 20%～30%　　D. 40%～50%

38. 蚕丝纤维的断裂伸长率为（　　）。

A. 2%～5%　　B. 5%～10%

C. 15%～25%　　D. 30%～40%

39. 抗皱性是指织物抵抗变形的（　　），抗皱性好的织物不容易折皱，挺括度好。

A. 能力　　B. 性能

C. 性质　　D. 特性

40. 弹性是指织物变形后的恢复能力，弹性好的织物能保持比较好的外观，一旦形成（　　）容易消失。

A. 折痕　　B. 收缩

C. 折皱　　D. 磨擦

41. 耐磨性是指织物（　　）的性能，织物在使用过程中会受到磨损，这是织物损坏的主要原因之一。

A. 抵抗磨损　　B. 耐熨烫

C. 经受洗涤的　　D. 穿着时间

42. 织物受热作用后，强度一般会下降，强度下降的程度随温度、（　　）和纤维种类而异。

A. 设备　　B. 天气

C. 时间　　D. 环境

43. 羊毛在湿热的条件下受到外力作用，纤维之间会互相缠在一起，从而产生收缩，这就是羊毛的（　　）。

A. 热缩绒性　　B. 热收缩性

C. 收缩性能　　D. 耐热性能

44. 羊毛和蚕丝都是蛋白质纤维，（　　）或低浓度的强酸对其不产生显著的破坏作用。

A. 有机酸　　B. 无机酸

C. 弱酸　　D. 盐酸

45. 棉和麻纤维是纤维素纤维，其耐碱性好，（　　）下稀碱对其不发生作用。

A. 高温　　B. 低温

C. 常温　　D. 低浓度

46. 乔其纱织物缩水率 10%，不能用力搓洗，防止（　　）。

A. 破损　　B. 缩水

C. 抽纱　　D. 跳丝

47. 在织物进入主洗前，判别织物是否具有缩水性和（　　）的可能，是预处理阶段至关重要的工作。

A. 串色　　B. 搭色

C. 褪色　　D. 染色

48. 织物面料是否褪色与该面料的（　　）有直接关系，色牢度越好，面料则越不易褪色。

A. 色牢度　　B. 染色工艺

C. 染料　　D. 织造

49. 织物（　　）的大小与缩水率有直接关系，当织物的缩水率 >5% 时便会在水洗过程中产生缩水。

A. 缩水程度　　B. 拉伸程度

C. 变型程度　　D. 膨胀程度

50. 丝织物主要有香云纱、乔其纱、软缎、柞丝绸、（　　）等品种。

A. 长身大衣　　B. 风雨衣

C. 棉丝　　D. 套装

51. 毛织物主要品种的耐日晒色牢度较差，高温照射下（　　）。

A. 会褪色　　B. 不易褪色

C. 容易褪色　　D. 极易褪色

52. 组织松稀的毛织物的经向缩水率是（　　）以上。

A. 8%　　B. 7%

C. 6%　　D. 5%

53. 本光平布、卡其、华达呢等天然织物的经向缩水率为（　　）。

A. 1%～5%　　B. 2%～6%

C. 3%～7%　　D. 4%～8%

54. 纯棉纶织物的经向缩水率为（　　）。

A. 2%～4%　　B. 4%～6%

C. 6%～8%　　D. 8%～10%

55. 衣物干洗缩水主要是溶剂中（　　）含量过高而引起。

A. 水分　　B. 助剂
C. 添加剂　　D. 柔软剂

56. 不要往干洗机工作箱里添加不必要的（　　），这样可以避免干洗衣物缩水。
A. 溶剂　　B. 过滤粉
C. 干洗助剂　　D. 柔软剂

57. 色牢度是判断织物上色牢固性的指标，织物的色牢度强弱与（　　）有直接关系。
A. 水洗工艺　　B. 加工工艺
C. 染色材料　　D. 处理工艺

58. 直接染料色泽齐全，染法简单价格低，耐（　　）但抗晒性较好。
A. 用性较差　　B. 磨擦性好
C. 干洗较差　　D. 水洗较差

59. 常用的去渍剂应选用对（　　）没有损坏性，对衣物色泽没有影响，具有良好的溶解去污性能。
A. 各种纤维　　B. 常见纤维
C. 常见织物　　D. 常见面料

60. 良好的洗涤效果取决于洗涤的机械力、洗涤剂、（　　）和温度四方面的平衡作用。
A. PH 值　　B. 浓度
C. 时间　　D. 用水量

61. 被洗物上的污垢一般为酸性污垢时，洗涤就应采用（　　）配方。
A. 酸性　　B. 中性
C. 加酶　　D. 碱性

62. 手工水洗的基本手法可概括为刷、搓、拎、揉、（　　）等 7 种。
A. 拧和挂　　B. 拧和晾
C. 晾和挂　　D. 拧和绞

63. 刷洗上衣重点部位是（　　）里外下摆、袖口、袋盖、袋口、领子正面。
A. 前身和后身　　B. 后身和扣眼处
C. 两前身和扣眼处　　D. 两前身和肘

64. 刷洗上衣应注意刷袖峰处时应波及左右两前胸的上部（　　）、口袋里、后开气处、大袋折痕、拉平刷到。
A. 领子正面　　B. 翻领处
C. 两前身　　D. 里下摆

65. 刷洗裤类的重点是裤脚、膝、（　　）、门襟处、袋口处。
A. 裤头　　B. 裤腰
C. 袋盖　　D. 臀

66. 凡不适合机洗和刷洗的衣物都可以采用（　　）的洗涤方法。

A. 搓洗　　B. 拎洗

C. 挤洗　　D. 揉洗

67. 棉纤维具有（　　）的特点，最适合水洗。

A. 耐碱性　　B. 耐酸性

C. 耐烫性　　D. 吸湿性

68. 高档针织衫的洗涤不能用（　　），不能浸泡时间过长，洗涤时动作要快，脱水要净。

A. 高温　　B. 强碱

C. 手洗　　D. 烘干

69. 棉绒刷洗时用力轻，以防（　　）或使平绒倒伏，灯芯绒脱绒。

A. 串色　　B. 搭色

C. 局部脱色　　D. 局部收缩

70. 牛仔装是用低支纱线制作的，组织结构愈紧密，（　　）愈大，遇水后就愈硬。

A. 纹路　　B. 面料

C. 厚薄　　D. 密度

71. （　　）洗涤首先要对其进行冷浸，然后再用肥皂进行刷洗。

A. 乔其纱　　B. 纯棉绒类

C. 风衣　　D. 牛仔装

72. 洗涤薄丝织物，一是要轻，二是要快，水温不应超过（　　）℃。

A. 30　　B. 35

C. 40　　D. 50

73. 乔其纱是一种（　　）的生织丝绸，主要由干纹织成。

A. 厚实　　B. 纺绸

C. 轻薄　　D. 存绸

74. 柞丝绸缩水性很大，水洗时会发生缩拢，晾干时也会（　　）。

A. 发生皱纹　　B. 发生卷曲

C. 发生收缩　　D. 发生脱色

75. 洗涤羊毛织物机械作用力过大，毛纤维间会发生（　　），出现过度的缩水变形或擀毡现象。

A. 变形　　B. 收缩

C. 吻合　　D. 粗硬

76. 羊绒衫手工水洗要用大把拎洗（　　）的方法洗涤。

A. 轻搓　　B. 轻挤

C. 轻柔　　D. 轻刷

77. （　　）过程中“三平”指的是洗板平、衣物铺平、刷子走平。

A. 搓洗　　B. 挤洗

C. 揉洗　　D. 刷洗

78. 粘胶纤维织物水洗不仅（　　）同时也很容易破损。

A. 易收缩　　B. 易变形

C. 易缩水　　D. 易走样

79. 羽绒服洗涤可选用去污力（　　）的洗涤剂，把浸透的衣物放入洗衣机内洗涤20分钟，水温为40℃。

A. 较弱　　B. 较强

C. 中性　　D. 偏强

80. 人造革洗涤时，将衣物用温水浸泡后，用软毛刷蘸洗衣粉，对污染严重部位进行去渍处理，然后用40℃温水加入洗衣粉将衣物进行（　　）。

A. 挤洗　　B. 揉洗

C. 搓洗　　D. 机洗

81. 太空棉只能水洗和刷洗，不能干洗和（　　）。

A. 揉洗　　B. 搓洗

C. 挤洗　　D. 拧绞

82. 荧光增白剂能够吸收（　　），而放出蓝紫色的可见光，与织物上反射出来的黄光混合成为白色，达到增白效果。

A. 空气臭氧　　B. 蓝光

C. 紫外光线　　D. 反射蓝光

83. 荧光增白剂常用的色光多为（　　）、紫光，也有带黄光或红光。

A. 青光　　B. 绿光

C. 橙色　　D. 带蓝

84. 在四氯乙烯的使用过程中如发现有偏酸的现象，就应调整，以保持其（　　）。

A. 碱性　　B. PH 值

C. 低酸　　D. 中性

85. 注液程序包括液泵填注、（　　）、过滤器加液三步。

A. 滚筒加液　　B. 液箱加液

C. 金属收集箱注液　　D. 蒸馏箱注液

86. 手动清洗程序包括装衣、清洗、（　　）三步。

A. 甩干　　B. 烘干

C. 冷却　　D. 取衣

87. 干洗机排除故障前先检查确认对机器的所有操作均是适当的，机器的各种管路和（　　）均完好无损，切断机器电源。

A. 接口　　B. 弯道

C. 零部件　　D. 连接

88. 烘干时间长或烘不干的原因是：蒸汽压力不符合要求、疏水阀不动作、(　　)、纤毛收集袋绒毛太多、冷却水不足、服装太多等。

A. 压缩空气不足　　B. 气动电磁阀堵塞
C. 烘干加热阀打不开　　D. 气管漏气

89. 蒸馏速度慢的原因是：(　　)、疏水阀失灵、进蒸汽阀开不到位、蒸馏冷却器被堵、蒸馏箱内污物杂质堆积太多。

A. 蒸汽压力不足　　B. 气动电磁阀堵塞
C. 烘干冷却器集积大量绒毛　　D. 气管漏气

90. 蒸馏后的油脏是因为蒸馏箱内脏溶剂中含有（　　）等杂质，使蒸馏时产生大量泡沫涌入油水分离器中，油水分离器内溶剂太脏未及时更换。

A. 色素　　B. 枧油
C. 加脂剂　　D. 洗衣粉

91. 干洗衣物收缩主要是溶剂中含水量多、(　　)、装入的衣服太多、洗涤系统漏水。

A. 洗涤温度太高　　B. 清洗温度太高
C. 烘干温度太高　　D. 冷却时温度太高

92. 服装洗不净的原因是（　　）或过滤器内溶剂较脏或助滤粉受潮失效、洗涤时间太短、服装口袋内有脏物。

A. 蒸馏箱　　B. 金属收集器
C. 储液箱　　D. 油水分离器

93. 液泵流量不足有鸣叫声的原因是、液泵底部有杂物或泵叶松动、液泵转向不对、液泵电动机故障、有关自动阀门故障、机械（　　）。

A. 系统损坏　　B. 制冷故障
C. 密封件损坏　　D. 管路堵塞

94. 压缩机不能启动的原因是电源没电、(　　)、缺相或电熔丝烧断。

A. 电压过高　　B. 电压不正常
C. 电压不够　　D. 电压未恢复

95. 石油干洗洗净度应从洗后衣物有无变色、褪色、变形、(　　)、污渍去除后是否留有痕迹、白色织物不泛黄来判断。

A. 串色、搭色　　B. 破损、洗坏
C. 破损、整洁　　D. 破损、柔软

96. 干洗机洗涤系统由内转笼、主轴和轴承座、(　　)、大小带轮、罩壳等组成。

A. 电脑板　　B. 前门
C. 外壳　　D. 电动机

97. 干洗机的烘干回收系统有制冷式回收和（　　）回收。

A. 全自动式　　B. 冷气式

C. 全封闭式　　D. 水冷式

98. （　）工作过程分烘干和冷却除臭两个阶段。

A. 清洗　　B. 过滤

C. 烘干回收　　D. 冷却回收

99. 油水分离器由箱体、观察窗、排水管和（　）组成。

A. 照明灯　　B. 开关

C. 玻璃镜　　D. 排液管

100. 使用卡式过滤器当压力超过 0.2mpa 时，就必须更换（　）。

A. 活性碳　　B. 过滤粉

C. 溶剂　　D. 滤芯

101. 离心式过滤器由筒体、空心轴、装在空心轴上紧密叠成一排的尼龙过滤布、（　）及带轮等组成。

A. 抽液泵　　B. 纤毛收集器

C. 电动机　　D. 过滤器压力表

102. 离心式过滤器清洁时开启清滤电动机的（　）左右，带动空心轴和尼龙过滤布一起转动，使吸附在滤布上面的脏物连同助滤粉、炭粉等在离心力的作用下一起被甩离过滤布。

A. 3S　　B. 5S

C. 8S　　D. 10S

103. 干洗机外壳由筒体、（　）和进（出）风口等组成。

A. 前门　　B. 储油箱

C. 蒸馏箱　　D. 前（后）墙板

104. 干洗机前门安装有（　）、铰链、门玻璃、密封条和锁紧机构。

A. 扶手　　B. 拉手

C. 把手　　D. 门手

105. 捕集器作用是滤去那些在洗涤过程中从服装上掉下的杂质，如（　）或一些呈颗粒状的东西，以保护抽液泵和过滤器。

A. 钮扣　　B. 纤毛

C. 脏物　　D. 溶剂

106. 干洗常用助剂有枧油、抗静电剂、（　）、四氯乙烯消泡剂及杀菌剂等。

A. 渗透剂　　B. 除锈剂

C. 加脂剂　　D. 柔软整理剂

107. 酸性中和剂是指对酸具备中和作用的含氧、氮或（　）的化合物。

A. 四氯乙烯　　B. 洗涤剂

C. 脂肪　　D. 醇类

108. 酸类助剂与干洗溶剂发生化学反应后起到（　）、增亮作用。

A. 氧化　　B. 还原
C. 抗静电　　D. 漂白

109. 喷烫时，喷水量应控制在（　　）%左右。
A. 3　　B. 30
C. 8　　D. 15

110. 对于面料较厚的麻织物，焖烫时水分（　　）40%左右。
A. 低于　　B. 高于
C. 控制在　　D. 不宜在

111. 焖水烫法，适宜一般（　　）织物，对面料较厚的麻织物效果尤佳。
A. 涤棉　　B. 丝麻
C. 纯棉　　D. 锦纶

112. 掉色、有镶嵌物的服装熨烫，应以不搭色、（　　）为原则。
A. 夹机烫　　B. 不串色
C. 色鲜艳　　D. 垫湿布烫

113. （　　）衬衣，袖子要烫成圆袖。
A. 涤棉　　B. 纯毛
C. 浅色丝绸　　D. 外用棉

114. 麻织物烫前按颜色分类，以决定喷水、焖水的（　　）、温度等。
A. 次数　　B. 用水量
C. 地点　　D. 时间

115. 丝麻织物的（　　）与其他织物基本相同，但由于丝麻织物纤维的特性，其整烫方法和手法上有较高的要求。
A. 整烫步骤　　B. 熨烫温度
C. 熨烫压力　　D. 熨烫水分

116. 垫湿布熨烫较厚的真丝衣物时，湿布的（　　）应在40%~60%。
A. 伸长率　　B. 含水量
C. 温差　　D. 厚度与干布差别

117. 垫湿布熨烫（　　）的真丝衣物时，温度应控制在190℃~220℃。
A. 轻薄　　B. 有镶嵌物
C. 掉色　　D. 较厚

118. （　　）织物熨烫前必须喷水，含水量在20%~25%。
A. 检查　　B. 腈纶针锦丝
C. 纯涤　　D. 麻

119. 麻织物熨烫前必须（　　），将衣物卷起，待一段时间让衣物充分吸透水分后再熨烫。
A. 整理　　B. 核对

C. 喷水　　　　D. 检查

120. 直接熨烫白色或浅色（　　）衣物正面时，温度应控制在165℃~180℃。

A. 毛凡尔丁　　　　B. 纯麻

C. 真丝　　　　D. 腈纶

121. 极软高档皮衣的特征是光泽较亮、自然、（　　），有一定渗水性，粒面清晰，颜料涂饰层薄，一般颜色多为单色。

A. 手感丰满、厚实　　　　B. 手感棉软、温暖感

C. 手感绵柔丰满有弹性　　　　D. 较柔有塑感

122. 发泡起皱皮衣的特征是无光泽，（　　）、厚实，渗水性强、遇水色深，涂层薄皮面发泡起皱，多为单色或杂色。

A. 有弹性　　　　B. 手感棉软

C. 手感有温暖感　　　　D. 手感柔软、丰满

123. 剪绒革皮衣的特征是光泽自然或无光，（　　），有较强的渗水性，涂层较薄或无涂层，内里无衬而为羊剪绒。

A. 手感滑爽、有温暖感　　　　B. 手感柔软、滑爽、丰满弹性好

C. 手感丰满、厚实、弹性好　　　　D. 手感厚重、棉软、有温暖感

124. 极柔高档光皮四氯乙烯的干洗程序是分类、预处理、小循环加脂、≤15℃大循环主洗、（　　）、高脱、≤45℃烘干除臭等。

A. 小循环漂洗　　　　B. 大循环漂洗

C. 不用漂洗　　　　D. 加强漂洗

125. 普通光面皮衣四氯乙烯干洗（　　）时，应缓慢进入高速脱，高速时间不宜超过3分钟，可多次启动，磨损重的皮衣适当缩短其洗涤时间。

A. 主洗　　　　B. 脱液

C. 烘干　　　　D. 加脂

126. 石油溶剂干洗皮衣的程序是深浅颜色分类，预处理，按程序洗涤，洗涤时间10分钟左右，烘干温度（　　）左右。

A. 50℃　　　　B. 40℃

C. 30℃　　　　D. 60℃

127. 发泡起皱皮衣机械水洗清洁效果理想，但具体操作时应注意主洗浴液PH值≤7，（　　）要彻底，必须摔揉整烫后涂饰保养。

A. 皮衣洗涤　　　　B. 皮衣脱水

C. 皮衣烘干　　　　D. 皮衣前处理

128. 颜料涂饰的光面剪绒皮衣手工清洗必须备好工作台、各种专用清洗剂、去渍剂、棉毛巾、软毛刷、海绵块或（　　）等。

A. 塑料泡沫块　　　　B. 橡皮块

C. 水砂布　　　　D. 网罩袋

129. （　　）裘皮时除注意洗涤程序的细节外，还需在加脂的同时加入毛质光亮剂和防水抗静电剂。

A. 手工清洗　　B. 手工干洗
C. 机器干洗　　D. 机器水洗

130. 皮革服装的破洞粘补，除了选用花纹、手感、颜色相近的（　　）进行填补修正外，用同色涂饰剂涂饰修饰也是很重要的。

A. 橡胶块　　B. 织物块
C. 皮块　　D. 专用粘补布

131. （　　）撕裂处的修补缝合时，线的松紧要适度、间距要均匀，尽量使其平顺服贴。

A. 裘皮服装　　B. 皮革服装
C. 针织服装　　D. 棉麻制品

132. 普通光面皮革（　　）时涂层要轻薄，涂饰配方要看说明书（看皮洗皮），每一道涂饰必须干透再进行。

A. 二次涂饰　　B. 一次涂饰
C. 多次涂饰　　D. 特殊涂饰

133. （　　）的性能主要依赖成膜剂的性能的优劣，不同的成膜剂有着不同的光泽、手感、柔软度、延伸性和耐热耐寒性等。

A. 皮衣夹克油　　B. 涂饰剂
C. 皮革保养剂　　D. 皮革鞣制剂

134. （　　）涂层发粘主要是因为涂层未干（水分大）、软树脂比例大、增塑剂量大以及未彻底干燥。

A. 裘皮　　B. 皮革
C. 毛革两用皮　　D. 绒面革

135. 熨烫时将丝麻面料用喷水器喷湿并（　　）的方法称为喷水烫。

A. 整理　　B. 晾起
C. 抻平　　D. 熨烫

136. 喷水烫法可先喷后烫，也可（　　），此方法能保证在熨烫出现局部失误时修改。

A. 随烫随喷　　B. 不喷就烫
C. 光烫不喷　　D. 先烫后喷

137. 带有镶嵌物的服装，烫前应对镶嵌物的色泽、牢度、（　　）、品种逐一检查鉴别。

A. 大小　　B. 位置
C. 形状　　D. 质地

138. 对喷水易起（　　）、容易脱色的衣物，应及时喷水立即熨烫。

A. 水渍　　　　B. 褶皱

C. 水泡　　　　D. 水圈

二、判断题（第 139 题～第 200 题。将判断结果填入括号中。正确的填“√”，错误的填“×”。）

139. 爱岗敬业是职业道德的核心和基础。（　）

140. 爱岗就是干一行，爱一行，安心本职工作，热爱自己的工作岗位。（　）

141. 乐业、勤业、精业的工作态度就是团结一致的具体表现。（　）

142. 洗衣服务的基本流程包括收衣、分类、洗前预处理、洗涤、干燥、整烫、质检、包装和发送。（　）

143. 合成纤维按照来源进行分类包括天然纤维和化学纤维两大类。（　）

144. 在各种服装面料中常见的合成纤维包括锦纶、维纶、丙纶和氨纶。（　）

145. 表示可以随意熨烫。（　）

146. 合成洗涤剂是由漂白剂、交联剂和各种助剂配制而成的。（　）

147. 在合成洗涤剂中，凡加入与去污有关的，能增加洗涤剂特性的辅助材料，称为洗涤助剂。（　）

148. 护理，要求彻底的清洁，并对其进行加脂、柔软、整饰、护理等。（　）

149. 蒸气夹烫机是根据熨烫原理，将机器设计成各种带有特定曲面的整烫膜胎，由上下两个夹板进行夹挂整烫的机械。（　）

150. 只要知道一定安全规则，在车间是可以贮存四氯乙烯的。（　）

151. 洗衣店发生事故时可以通过协商、调解、申诉、仲裁以及提起诉讼等途径解决。（　）

152. 劳动者与用人单位发生劳动争议时，可以按照调解、仲裁、直至进入诉讼程序进行处理，以维护双方合法权益。（　）

153. 毛腈绲纺呢绒大多为粗纺呢，具有毛料的风格，毛感强，有温暖感。（　）

154. 粘胶丝织物绸面光泽明亮，但不柔和，手感滑爽柔软，悬垂感强，但不及真丝绸轻盈飘逸。（　）

155. 涤纶长丝织物仿丝绸感强，光泽明亮，手感滑爽、平挺、弹性好，但不够柔和，具有闪光的效果。（　）

156. 锦纶长丝织物手感硬挺，用手捏紧面料后松开，折痕明显，不容易恢复原状，经、纬线牢度大。（　）

157. 粘胶纤维近火后燃烧迅速，产生黄色火焰，有烧纸气味，灰烬极少，呈灰色或灰黑色。（　）

158. 涤纶纤维燃烧时边熔化边冒烟燃烧，呈黄色火焰，灰烬为灰色或浅灰色珠状硬块，用手不易捻碎。（　）

159. 锦纶纤维接近火焰时迅速卷缩，缓慢燃烧，火焰呈桔色，有芹菜香味，灰烬为棕灰色硬块。（　）

160. 天然纤维中棉纤维的耐光性最好，羊毛纤维的耐光性最差。（　）

161. 涤纶的耐碱性不如耐酸性，在合成纤维中最好。（　）

162. 富春纺织物湿态强度差，水洗时不能用力搓擦，缩水率 8%。（　）

163. 棉、麻织物的色牢度较差，高温下褪色严重。（　）

164. 丝织物主要品种的色牢度都非常好。（　）

165. 化纤服装织物色牢度较低，在机械力作用下易掉色。（　）

166. 刷洗裙子先正面后反面，先面后里及腰，由开叉处顺刷一周。（　）

167. 棉纤维遇水后，缩水率为 4%，耐磨性增加 2%。（　）

168. 高级棉衬衫是用 32 支纱或 42 支纱纯棉府绸制作的。（　）

169. 色布套装包括羽绒服的活面，这类服装的色泽都是暗色。（　）

170. 洗涤丝织品时要做到保护质料、布料、款式、天然颜色。（　）

171. 羊毛纤维遇水后伸长率变化不大，水洗后不会走样变形。（　）

172. 刷洗过程中“三平”指的是洗板平、衣物铺平、刷子走平。（　）

173. 虚刷指刷洗过程中所使用的前力，后力是实在的力。（　）

174. 干洗机高速脱液时剧烈振动的原因是：安装时未校正水平、主轴承座内轴承损坏、外壳后墙板连接松动、洗涤服装超重。（　）

175. 各种自动阀门打不开的原因是：油水分离器路管堵塞、冷却水不足。（　）

176. 加液时溶剂流量少的原因是冷却水不足。（　）

177. 溶剂耗量过多的原因是服装未烘干就取出、蒸馏箱破裂、产生泄漏或清除污物时、液状残渣含大量溶剂、储液箱裂纹产生泄漏。（　）

178. 全自动石油干洗机液温过高的原因是，溶剂冷却装置的温度未设在 25℃、液温热敏电阻有故障。（　）

179. 当干洗油 PH 值下降时，加入酸性中和剂使四氯乙烯在使用过程中保持其稳定性。（　）

180. 丝麻织物用喷水烫时，温度控制在 200℃左右。（　）

181. 烫衣前喷水，要做到适量均匀，可先喷后烫，也可随烫随喷。（　）

182. 丝麻织物烫前，焖水要匀透，一般约需 30 分钟。（　）

183. 真丝织物伸缩性比较大，洗过以后会膨胀。（　）

184. 真丝服装熨烫时做好拉伸工作，要将衣领、衣袖、贴边缝骨等地方拉平整。（　）

185. 真丝绸织物垫湿布熨烫，常用于轻薄衣物。（　）

186. 熨烫较厚的真丝衣物时，将烫布直接垫在衣物的正面。（　）

187. 柞丝绸容易出水渍，喷水必须喷得细，直接熨烫衣物的正面。（　）

188. 柞丝绸容易起水渍，喷水必须喷得细，含水量在 5%～10%左右。（　）

189. 柞丝绸熨烫，熨斗温度应控制在155℃~165℃之间。 ( )

190. 麻织物服装熨烫时，骨线位置不必拉伸。 ( )

191. 白色或浅色麻织物，可以直接用熨斗熨烫衣物正面。 ( )

192. 四氯乙烯干洗苯胺，半苯胺光面皮衣应适当增大加脂剂的用量，洗涤温度应在10℃以下，烘干温度在48℃以下，洗涤时间应可适当缩短。 ( )

193. 绒面磨砂皮衣机械水洗温度应在50℃左右，烘干温度60℃以下，干燥摔揉后应起绒。 ( )

194. 四氯乙烯干洗绒面磨砂皮衣时重垢处要加强预处理，红色与深色皮衣一起洗涤，干洗后整饰必须做起绒处理，烘干温度≤50℃。 ( )

195. 粘补皮革服装撕裂处时，除了专用的皮革粘合剂或树脂胶外，还可以用类似502的万能胶。 ( )

196. 普通光面皮革的一次涂饰程序是清洗里衬、调色膏、涂饰、烘干等。 ( )

197. 着色剂是涂饰材料中上色的材料，一般要求成膜性和遮盖力好。 ( )

198. 熨烫前先用水浸泡，焖一段时间再进行熨烫的方法称为焖水烫。 ( )

199. 多色织物，可喷水烫，亦可焖水烫。要看其色牢度情况，应以不搭色、不串色为原则。 ( )

200. 熨烫丝麻织物要保持工具和操作环境的清洁。 ( )

中级洗衣师理论知识试题精选答案

一、单项选择题（第1题~第138题。选择一个正确的答案，将相应的字母填入题内的括号中。）

1. C	2. A	3. C	4. A	5. C	6. C	7. A	8. B
9. B	10. B	11. C	12. C	13. B	14. A	15. D	16. D
17. B	18. C	19. B	20. B	21. C	22. C	23. C	24. D
25. D	26. D	27. A	28. B	29. C	30. B	31. A	32. A
33. D	34. B	35. A	36. D	37. D	38. C	39. A	40. C
41. A	42. C	43. A	44. C	45. C	46. D	47. C	48. A
49. A	50. C	51. D	52. D	53. B	54. D	55. A	56. C
57. C	58. D	59. A	60. C	61. D	62. A	63. C	64. B
65. D	66. A	67. A	68. A	69. C	70. D	71. D	72. A
73. C	74. B	75. C	76. C	77. D	78. B	79. B	80. D
81. B	82. C	83. D	84. D	85. B	86. D	87. D	88. C

89. A　90. D　91. C　92. C　93. C　94. C　95. A　96. D
97. D　98. C　99. D　100. D　101. C　102. D　103. D　104. C
105. A　106. D　107. D　108. D　109. B　110. C　111. B　112. B
113. C　114. D　115. A　116. B　117. D　118. D　119. C　120. B
121. C　122. D　123. D　124. A　125. B　126. A　127. B　128. A
129. C　130. C　131. A　132. A　133. B　134. B　135. D　136. A
137. D　138. A

二、判断题（第 139 题 ~ 第 200 题。将判断结果填入括号中。正确的填“√”，错误的填“×”。）

139. √　140. √　141. ×　142. √　143. ×　144. ×　145. ×　146. ×
147. √　148. √　149. √　150. ×　151. ×　152. √　153. ×　154. √
155. √　156. ×　157. √　158. ×　159. √　160. ×　161. ×　162. √
163. √　164. ×　165. √　166. √　167. ×　168. ×　169. ×　170. ×
171. ×　172. √　173. ×　174. √　175. ×　176. ×　177. √　178. √
179. √　180. ×　181. √　182. √　183. ×　184. √　185. ×　186. ×
187. ×　188. √　189. √　190. ×　191. √　192. √　193. ×　194. √
195. ×　196. ×　197. ×　198. ×　199. √　200. √

单位名称

姓名

准考证号

地区

考生答题不准超过此线

第七部分

理论知识考试 模拟样卷

中级洗衣师理论知识模拟试卷

职业技能鉴定国家题库

洗衣师中级理论知识试卷

注 意 事 项

1. 考试时间：120 分钟。
2. 本试卷依据 2002 年颁布的《洗衣师 国家职业标准》命制。
3. 请首先按要求在试卷的标封处填写您的姓名、准考证号和所在单位的名称。
4. 请仔细阅读各种题目的回答要求，在规定的位置填写您的答案。
5. 不要在试卷上乱写乱画，不要在标封区填写无关的内容。

	一	二	总 分
得 分			

得 分	
评分人	

一、单项选择（第 1 题～第 80 题。选择一个正确的答案，将相应的字母填入题内的括号中。每题 1 分，满分 80 分。）

1.（　　）是职业道德的核心和基础。

A. 爱岗敬业　　B. 礼貌待客

C. 注重礼仪　　D. 着装整洁

2. 爱岗就是干一行，爱一行，安心本职工作，热爱（　　）。

A. 周围的环境　　B. 先进的设备

C. 自己的工作岗位　　D. 关心我的伙伴

3. 敬业就是通过对工作的（　　），对技术精益求精的精神，以乐业、勤业、精业的工作态度表现出来。

A. 责任心　　B. 了解

C. 安排　　D. 关心

4. 洗衣师职业守则的（　　）就是优质服务。

A. 核心　　B. 内容

C. 范围　　D. 重点

5. 礼仪具备四个方面的功能，即：沟通功能、协调功能、维护功能、（　　）功能。

A. 教育　　B. 友谊

C. 帮助　　D. 合作

6. 洗涤衣物之前需要依面料纤维种类、衣物颜色、（　　）、衣物原料的薄厚、特殊面料以及附件装饰物进行分类。

A. 衣物质量　　B. 污垢轻重

C. 不同款式　　D. 磨损情况

7. 湿性去渍剂主要包括中性洗涤剂、碱性蛋白酶、酸类、（　　）、甘油等。

A. 固色剂　　B. 交联剂

C. 增塑剂　　D. 氨水

8.（　　）去渍法是指向织物上的污渍施用一定的机械作用力，使污渍由于揩拭的作用，脱离织物。

A. 喷射　　B. 浸泡

C. 强洗　　D. 揩拭

9.（　　）是由表面活性剂与各种助剂按一定的比例配制而成的。

A. 漂白剂　　B. 增白剂

C. 中和酸　　D. 合成洗涤剂

10. 四氯乙烯能溶解脂肪、油类、（　　）、橡胶、天然树脂及芳香族有机酸。

A. 泥土　　B. 灰尘

C. 焦油　　D. 环氧树脂

11. 护理，要求彻底清洁，并对其进行加脂、(　　)、整饰、护理等。

A. 染色　　B. 平整

C. 柔软　　D. 打蜡

12. 涤棉布纤维表面感观光泽较棉布明亮，用手捏紧涤棉布料，松开手后布料折痕不明显，(　　) 原状。

A. 难恢复　　B. 不能恢复

C. 慢慢恢复　　D. 容易恢复

13. 维棉布外观似纯棉布，但比纯棉布细密光洁，布面 (　　)，手感柔软、光滑。

A. 平滑　　B. 杂质少

C. 多纱头　　D. 多杂质

14. 丙棉布外观具有涤棉布的风格，(　　)、弹性好，但布面不如涤棉布光洁平整。

A. 挺括　　B. 平整

C. 硬挺　　D. 平滑

15. 毛涤混纺呢绒平整光滑，手感有硬挺粗糙感，用手捏紧呢面后松开，折痕(　　)原状。

A. 缓慢恢复　　B. 不能恢复

C. 能够恢复　　D. 迅速恢复

16. 毛腈混纺呢绒大多为精纺，毛感强，(　　)，具有毛料的风格。但弹性不如毛涤。

A. 温暖感差　　B. 有温暖感

C. 无温暖感　　D. 平整爽滑

17. 锦纶长丝织物光泽比较暗淡，表面有似涂了一层蜡的感觉，色彩不鲜艳，经、纬线 (　　)。

A. 容易拉断　　B. 不易拉断

C. 牢度大　　D. 牢度小

18. 涤纶纤维燃烧时边熔化边冒烟燃烧，呈黄色火焰，灰烬为珠状、(　　) 硬块，用手易捻碎。

A. 灰色或灰白色　　B. 棕色或浅棕色

C. 白色或黄白色　　D. 黑色或淡褐色

19. 锦纶纤维燃烧时迅速卷缩，缓慢燃烧，火焰呈桔色，有蓝色焰边，有 (　　)。

A. 烧蜡气味　　B. 鱼腥臭味

C. 芹菜香味　　D. 弱的甜味

20. 维纶纤维接近火焰时迅速熔融收缩，缓慢燃烧，火焰很小，呈 (　　)，灰烬为褐色硬块，可用手捻碎。

A. 棕色　　B. 红色

C. 桔色　　D. 蓝色

21. 羊毛纤维的断裂伸长率为（　　），居天然纤维的首位。

A. 10%～15%　　B. 25%～35%

C. 40%～50%　　D. 50%～60%

22. 抗皱性是指织物抵抗变形的（　　），抗皱性好的织物不容易折皱，挺括度好。

A. 能力　　B. 性能

C. 性质　　D. 特性

23. 在各种纤维中（　　）的耐磨性最好。腈纶的耐磨性最差。

A. 棉　　B. 麻

C. 蚕丝　　D. 锦纶

24. 碱对羊毛和蚕丝具有腐蚀作用，其大小随碱液的浓度、（　　）的变化而变化。

A. 场所　　B. 环境

C. 时间　　D. 温度

25. 乔其纱织物缩水率 10%，不能用力（　　），防止跳丝。

A. 刷洗　　B. 擦洗

C. 搓洗　　D. 拎洗

26. 在织物进入主洗前，判别织物是否具有缩水性和褪色的可能，是（　　）阶段至关重要的工作。

A. 洗涤　　B. 分类

C. 分拣　　D. 预处理

27. 丝织物主要有香云纱、（　　）、软缎、柞丝绸、棉丝等品种。

A. 风雨衣　　B. 长身大衣

C. 套装　　D. 乔其纱

28. 本光平布、卡其、华达呢等天然织物的经向缩水率为（　　）。

A. 1%～5%　　B. 2%～6%

C. 3%～7%　　D. 4%～8%

29. 收到的衣物比较（　　），容易引起衣物干洗缩水。

A. 多　　B. 少

C. 潮湿　　D. 时间长

30. 常用的去渍剂应选用对各种纤维没有损坏性，对衣物（　　）没有影响，具有良好的溶解去污性能。

A. 功能　　B. 性能

C. 色泽　　D. 结构

31. 洗涤薄丝织物，一是（　　），二是要快，水温不应超过 30℃。

A. 要轻　　B. 要均匀

C. 要刷洗　　D. 要挤洗

32. 乔其纱是一种（　　）的生织丝绸，主要由干纹织成。

A. 厚实　　B. 纺绸

C. 轻薄　　D. 存绸

33. 柞丝绸缩水性很大，水洗时会发生缩拢，（　　）时也会发生卷曲。

A. 烘干　　B. 漂洗

C. 晾干　　D. 清洗

34. 羊毛纤维遇水后（　　）变化较大，耐拉强度又有所下降，水洗时极易破损，洗后会走样变形。

A. 收缩率　　B. 伸长率

C. 抗皱性　　D. 耐磨性

35. 洗涤羊毛织物机械作用力过大，使毛纤维间发生（　　），出现过度的缩水变形或擀毡现象。

A. 变形　　B. 收缩

C. 吻合　　D. 粗硬

36. 羊绒衫手工（　　）要用大把拎洗轻柔的方法洗涤。

A. 刷洗　　B. 揉洗

C. 搓洗　　D. 水洗

37. 纯毛地毯洗后（　　）要用双氧水进行漂白。

A. 边穗　　B. 串色

C. 搭色　　D. 花绺

38. 烘干时间长或烘不干的原因是：蒸汽压力不符合要求、疏水阀不动作、（　　）、纤毛收集袋绒毛太多、冷却水不足、服装太多等。

A. 压缩空气不足　　B. 气动电磁阀堵塞

C. 烘干加热阀打不开　　D. 气管漏气

39. 蒸馏后的油脏是因为蒸馏箱内脏溶剂中含有洗衣粉等杂质，使蒸馏时产生大量泡沫涌入油水分离器中，油水分离器内溶剂太脏未及时（　　）。

A. 处理　　B. 放水

C. 蒸油　　D. 更换

40. 干洗衣物收缩主要是溶剂中含水量多、烘干温度太高、装入的衣服太多、（　　）漏水。

A. 蒸馏系统　　B. 烘干系统

C. 冷却系统　　D. 洗涤系统

41. 服装洗不净的原因是储液箱或过滤器内溶剂较脏或助滤粉受潮失效、洗涤时间太短、服装（　　）。

A. 污渍较多　　B. 较脏

C. 口袋内有脏物　　D. 顽渍较多

42. 加液时溶剂流量少的原因是溶剂不足、有关自动阀门未打开、过滤器滤布堵塞、(　　)。

A. 冷却水不足　　B. 疏水阀失灵
C. 抽液泵故障　　D. 过滤器故障

43. 液泵流量不足有鸣叫声的原因是、液泵底部有杂物或泵叶松动、液泵转向不对、液泵电动机故障、有关（　　）故障、机械密封件损坏。

A. 洗涤系统　　B. 烘干系统
C. 自动阀门　　D. 压缩机

44. 压缩机不能启动的原因是电源没电、电压不够、缺相或（　　）。

A. 接触不良　　B. 接触不到位
C. 线路有问题　　D. 电熔丝烧断

45. 干洗机洗涤系统由内转笼、(　　)、电动机、大小带轮、罩壳等组成。

A. 大小轴承　　B. 主马达和副马达
C. 主轴和轴承座　　D. 前门和外壳

46. 干洗机的烘干回收系统有（　　）回收两种形式。

A. 冷却式和自动式　　B. 水冷式和全自动式
C. 制冷式和全自动式　　D. 制冷式和水冷式

47. 烘干回收工作过程分烘干和（　　）两个阶段。

A. 冷却　　B. 风干回收
C. 冷却风干　　D. 冷却除臭

48. 使用卡式过滤器当压力超过 0.2mpa 时，就必须更换（　　）。

A. 活性碳　　B. 过滤粉
C. 溶剂　　D. 滤芯

49. 干洗机前门安装有（　　）、铰链、门玻璃、密封条和锁紧机构。

A. 扶手　　B. 拉手
C. 把手　　D. 门手

50. 捕集器作用是滤去那些在洗涤过程中从服装上掉下的杂质如钮扣或一些呈颗粒状的东西，以保护（　　）和过滤器。

A. 空心轴　　B. 电动机
C. 排液管　　D. 抽液泵

51. 当干洗油 PH 值下降时，加入（　　）使四氯乙烯在使用过程中保持其稳定性。

A. 中和酸粉　　B. 酸性中和剂
C. 抗静电剂　　D. 柔软整理剂

52. 酸类助剂与干洗溶剂发生（　　）反应后起到漂白、增亮作用。

A. 氧化　　B. 还原
C. 中和　　D. 化学

53. 极软高档皮衣的特征是光泽较亮、自然、手感绵柔丰满有弹性，有一定渗水性，粒面清晰，颜料涂饰层薄，一般颜色多为（　　）。

A. 双色　　B. 多色

C. 黑色　　D. 单色

54. 极柔高档光皮四氯乙烯的干洗程序是分类、预处理、小循环加脂、≤15℃大循环主洗、（　　）、高脱、≤45℃烘干除臭等。

A. 小循环漂洗　　B. 大循环漂洗

C. 不用漂洗　　D. 加强漂洗

55. 石油溶剂干洗皮衣的程序是深浅颜色分类，预处理，按程序洗涤，洗涤时间 10 分钟左右，烘干温度（　　）左右。

A. 50℃　　B. 40℃

C. 30℃　　D. 60℃

56. 颜料涂饰的光面剪绒皮衣（　　）必须备好工作台、各种专用清洗剂、去渍剂、棉毛巾、软毛刷、海绵块或塑料泡沫块等。

A. F113 干洗　　B. 石油溶剂干洗

C. 手工清洗　　D. 四氯乙烯干洗

57. 粘补皮革服装（　　）处时，应选用专用的皮革粘合剂或树脂胶，而不能选用类似 502 的万能胶。

A. 脆裂　　B. 崩裂

C. 老化　　D. 撕裂

58. （　　）的一次涂饰程序是调色膏、配涂饰剂（含固定剂）、涂饰、烘干等。

A. 苯胺、半苯胺皮革　　B. 特殊效应革

C. 普通光面皮革　　D. 极柔软皮革

59. 涂饰剂的性能主要依赖成膜剂的性能的优劣，不同的成膜剂有着不同的光泽、手感、（　　）、延伸性和耐热耐寒性等。

A. 防粘性　　B. 透明度

C. 滑爽度　　D. 柔软度

60. 着色剂是涂饰材料中上色的材料，一般要求含固量高、（　　）强、颗粒细、成膜薄、颜色鲜艳、色谱齐全、耐久性、稳定性好，有一定的保质期。

A. 可塑性　　B. 流平性

C. 延伸性　　D. 遮盖力

61. 皮革涂层发粘主要是因为涂层未干（水分大）、软树脂比例大、增塑剂量大以及未彻底（　　）。

A. 干燥　　B. 晾晒

C. 熨烫　　D. 去垢

62. 熨烫时将丝麻面料用（　　）并熨烫的方法称为喷水烫。

A. 水浸湿　　B. 水淋
C. 喷水器喷湿　　D. 蒸汽蒸

63. 熨烫前先将丝麻面料用水布浸湿、并（　　）、焖水一段时间，再进行垫湿布熨烫的方法称为焖水烫。
A. 抻平　　B. 卷扎
C. 抖平　　D. 拧干

64. 熨烫丝麻织物要保持工具和操作环境的（　　）。
A. 安全　　B. 齐备
C. 合理配置　　D. 清洁

65. 丝麻织物用（　　）时，温度控制在175℃左右。
A. 焖水烫　　B. 喷水烫
C. 夹机烫　　D. 垫水布烫

66. 面料较厚的麻织物适宜（　　）。
A. 焖水烫法　　B. 喷水烫法
C. 高温熨烫　　D. 垫干熨烫

67. （　　）、有镶嵌物的服装熨烫，应以不搭色、不串色为原则。
A. 掉色　　B. 纯毛
C. 单色　　D. 纯涤

68. 浅色丝绸衬衣，一般只烫表面，不烫（　　）。
A. 反面　　B. 里襟
C. 袖口　　D. 下摆

69. 真丝织物伸缩性比较大，（　　）经常有收缩。
A. 整烫后　　B. 洗过以后
C. 穿用以后　　D. 臭氧消毒后

70. 较厚的真丝绸织物适宜（　　）熨烫。
A. 喷水　　B. 不垫布
C. 垫干布　　D. 垫湿布

71. 熨烫较厚的真丝衣物时，将（　　）直接垫在衣物的正面。
A. 干布　　B. 烫布
C. 一块丝绸　　D. 湿布

72. 垫湿布熨烫较厚的真丝衣物时，湿布的（　　）应在40%~60%。
A. 伸长率　　B. 含水量
C. 温差　　D. 厚度与干布差别

73. 垫湿布熨烫较厚的真丝衣物时，温度应控制在（　　）℃。
A. 190~220　　B. 120~140
C. 140~160　　D. 160~180

74. 柞丝绸容易出（　　），喷水必须喷得细，直接熨烫衣物的反面。

A. 极光　　B. 烫痕

C. 水渍　　D. 色花

75. 柞丝绸熨烫时，应及时喷水（　　），含水量在5%～10%左右。

A. 焖透再烫　　B. 立即熨烫

C. 水量要大　　D. 喷透再烫

76. 柞丝绸熨烫，熨斗温度（　　）在155～165℃之间。

A. 应低于　　B. 应控制

C. 应高于　　D. 不宜

77. 麻织物洗后熨烫时必须将（　　）等地方拉平整。

A. 前片　　B. 后片

C. 骨线　　D. 布面

78. 喷水烫法可先喷后烫，也可随烫随喷，此方法能保证在熨烫出现局部失误时（　　）。

A. 随时停止　　B. 随时发现

C. 挽救　　D. 修改

79. （　　）织物，可喷水烫，亦可焖水烫。要看其色牢度情况，应以不搭色、不串色为原则。

A. 多色　　B. 浅色

C. 深色　　D. 鲜艳色

80. 带有镶嵌物的服装，（　　）应对镶嵌物的色泽、牢度、质地、品种逐一检查鉴别。

A. 烫后　　B. 烫前

C. 干洗后　　D. 水洗后

得　分	
评分人	

二、判断题（第81题～第100题。将判断结果填入括号中。正确的填"√"，错误的填"×"。每题1分，满分20分。）

81. 

表示水洗温度最低为40℃。（　）

82. 常用洗涤设备的日常维护是洗涤工作技能鉴定的重要环节。（　）

83. 石油干洗车间要放置禁火标志，因为石油溶剂焖点低，使用不当能发生燃烧或爆炸。（　）

84. 洗衣店发生事故时可以通过协商，调解，申诉，仲裁以及提起诉讼等途径解决。（　）

85. 涤纶对弱碱具有较好的稳定性，但在浓碱溶液中涤纶的表面会受到腐蚀，部分表面脱落呈现凸凹不平现象。（ ）

86. 织物缩水程度的大小与缩水率有直接关系，当织物的缩水率 >5% 时，便会在水洗过程中产生缩水。（ ）

87. 组织松稀的毛织物的经向缩水率是 5% 以上。（ ）

88. 直接染料色泽齐全，染法简单价格低，耐水洗较差但抗晒性较好。（ ）

89. 刷洗上衣应注意刷净前后片就可以。（ ）

90. 刷洗裤类的重点是裤筒、裤头、裤腰、袋口处。（ ）

91. 刷洗裙子先里面后正面，最后刷腰部。（ ）

92. 凡不适合机洗和刷洗的衣物都不可以采用搓洗的洗涤方法。（ ）

93. 棉纤维具有耐酸性的特点，最适合水洗。（ ）

94. 棉纤维遇水后，缩水率为 4%，耐磨性增加 2%。（ ）

95. 高级棉衬衫是用 32 支纱或 42 支纱纯棉府绸制作的。（ ）

96. 高档针织衫的洗涤不能用高温，不能随浸随洗，洗涤时动作要快，防止串色。（ ）

97. 粘胶纤维织物水洗不易变形。（ ）

98. 全自动石油干洗机液温过高的原因是装液过少和速度慢造成的。（ ）

99. 发泡起皱皮衣机械水洗清洁效果理想，但具体操作时应注意主洗浴液 PH 值 ≤7，皮衣脱水要彻底，必须摔揉整烫后涂饰保养。（ ）

100. 白色或浅色麻织物，直接熨烫衣物正面时，温度应控制在 200℃。（ ）

中级洗衣师理论知识模拟试卷答案

一、单项选择（第 1 题～第 80 题。选择一个正确的答案，将相应的字母填入题内的括号中。每题 1 分，满分 80 分。）

1. A	2. C	3. A	4. A	5. A	6. B	7. D	8. D
9. D	10. C	11. C	12. D	13. B	14. A	15. D	16. B
17. C	18. D	19. C	20. B	21. B	22. A	23. D	24. D
25. C	26. D	27. D	28. B	29. C	30. C	31. A	32. C
33. C	34. B	35. C	36. D	37. A	38. C	39. D	40. D
41. C	42. C	43. C	44. D	45. C	46. D	47. D	48. D
49. C	50. D	51. B	52. D	53. D	54. A	55. A	56. C
57. D	58. C	59. D	60. D	61. A	62. C	63. B	64. D
65. B	66. A	67. A	68. A	69. B	70. D	71. D	72. B

73. A　74. C　75. B　76. B　77. C　78. D　79. A　80. B

二、判断题（第 81 题 ~ 第 100 题。将判断结果填入括号中。正确的填“√”，错误的填“×”。每题 1 分，满分 20 分。）

81. ×　82. ×　83. √　84. ×　85. √　86. √　87. √　88. √
89. ×　90. ×　91. ×　92. ×　93. ×　94. ×　95. ×　96. ×
97. ×　98. ×　99. √　100. ×

第三篇 操作技能考核复习指导

CAOZUO JINENG KAOHE FUXI ZHIDAO

第八部分

操作技能考核解读

操作技能考核试卷构成

操作技能考核有多种考核方式。本职业中级操作技能考核采用操作题型，共3题（详见考核内容结构表）。

职业技能鉴定国家题库操作技能试卷一般由以下3部分内容构成：

1. 操作技能考核准备通知单

分为鉴定机构准备通知单和考生准备通知单，在考核前由考试组织者分别发给考核现场和考生。内容为考核所需场地、设备、材料、工具及其他准备要求。

2. 操作技能考核试卷正文

内容为操作技能考核试题，包括试题名称、试题分值、考核时间、考核形式、具体考核要求（如技术标准、图表、图样等考核应达到的结果要求）等。

3. 操作技能考核评分记录表

内容为操作技能考核试题配分与评分标准，用于考评员评分记录，主要包括各项考核内容、考核要点、配分与评分标准、否定项及说明、考核分数加权汇总方法等。必要时包括总分表，即记录考生本次操作技能考核所有试题成绩的汇总表。

操作技能考核时间和考核要求

◆ 操作技能考核的考核时间

按《国家职业标准》要求，本职业中级操作技能考核时间为××分钟。

◈ 操作技能考核的基本要求

1. 按试卷中具体考核要求进行操作。

2. 考生在操作技能考核过程中要遵守考场纪律，执行操作规程，防止出现人身和设备安全事故。

操作技能考核试卷生成方式

职业技能鉴定国家题库一般有以下 3 种试卷生成方式：

1. 计算机自动生成试卷

计算机程序按照该职业的《操作技能考核内容结构表》和《操作技能鉴定要素细目表》的结构特征，用统一的组卷模型，自动选取鉴定范围和鉴定点，从题库中抽取相应的试题，组成试卷。

2. 人工干预计算机组卷

根据本职业本等级操作技能考核内容，由人工选定鉴定范围、鉴定点和试题，并由计算机按照国家题库组卷模型进行组合，形成试卷。

3. 特殊要求组卷

若试题库中没有满足本次鉴定要求的试题，专家根据本职业鉴定要求命制新试题。

本职业本等级操作技能考核试卷的生成方式为计算机自动生成。

第九部分

操作技能考核要素

操作技能考核内容结构表

◆ 操作技能考核内容结构表说明

操作技能考核内容结构表列出了中级洗衣师的考核内容、选考方式、考核总体时间等内容。

中级洗衣师操作技能考核内容结构表

<table>
<tr><td colspan="2" rowspan="4">鉴定内容
鉴定要求</td><td colspan="7">织物制品的洗涤、整理</td><td colspan="4">皮革制品的洗涤、保养</td></tr>
<tr><td colspan="11">指 定 一 项</td></tr>
<tr><td colspan="6">鉴定范围</td><td rowspan="2">合计</td><td colspan="3">鉴定范围</td><td rowspan="2">合计</td></tr>
<tr><td>布料识别</td><td>去渍</td><td>水洗</td><td>干洗</td><td>熨烫</td><td>管理与培训</td><td>洗涤</td><td>保养</td><td>管理</td></tr>
<tr><td rowspan="4">中级</td><td>选考方式</td><td>必考</td><td>必考</td><td colspan="2">任选一项</td><td>必考</td><td>—</td><td>4 项</td><td>必考</td><td>必考</td><td>—</td><td>2 项</td></tr>
<tr><td>鉴定比重（%）</td><td>15</td><td>10</td><td colspan="2">53</td><td>22</td><td>—</td><td>100</td><td>50</td><td>50</td><td>—</td><td>100</td></tr>
<tr><td>考核时间</td><td>15分钟</td><td>15分钟</td><td>60/40分钟</td><td>60分钟</td><td>20分钟</td><td>—</td><td>110分钟</td><td>60分钟</td><td>40分钟</td><td>—</td><td>100分钟</td></tr>
<tr><td>考核形式</td><td>实际操作</td><td>实际操作</td><td colspan="2">实际操作</td><td>实际操作</td><td>—</td><td></td><td>实际操作</td><td>实际操作</td><td>—</td><td></td></tr>
</table>

操作技能鉴定要素细目表

◆ 操作技能鉴定要素细目表说明

1. 鉴定要素细目表是在考核内容结构表的基础上，列出了本级别具体要考核的内容。其中，“鉴定点”即为具体的考核内容，每个鉴定点都有重要程度指标，即鉴定点后标注的“X”、“Y”、“Z”。“X”表示“核心要素”，是考核中最重要、出现频率也最高的内容；“Y”表示“一般要素”，是考核中出现频率一般的内容；“Z”表示“辅助要素”，在考核中出现的频率较低。

2. 表中每个鉴定范围都有鉴定比重指标。它表示在一份试卷中该鉴定范围所占的分数比例。每个鉴定点中有若干道试题，它们有共性的考核要求、配分与评分标准，这些试题都是考生应当掌握的。在每次操作技能考核时，试卷是根据考核内容结构表的要求，在鉴定要素细目表的相关鉴定点中由计算机自动抽取或由专家人工选取××道试题组成的。

◆ 中级洗衣师操作技能考试鉴定要素细目表

名称代码	鉴定比重	名称代码	鉴定比重	选考方式	代码	名　称	重要程度	试题量
织物制品的洗涤整理 A	100	面料识别 A	15	必考	001	鉴别面料	X	1
		去渍 B	10	必考	001	织物去渍	X	8
		水洗 C	53	任选一项	001	手工水洗织物	X	2
						机器水洗织物	X	1
		干洗 D	53		001	干洗织物	X	2
		熨烫 E	22	必考	001	熨烫织物	X	3
皮革制品的洗涤保养 B	100	洗涤 A	50	必考	001	皮革制品的洗涤	X	2
		保养 B	50	必考	001	皮革制品的保养	X	1

第十部分

职业技能鉴定操作技能考核试题

织物制品的洗涤整理

◆ 鉴别面料

本鉴定点有一道考核试题，本试题的考核要求和配分与评分标准如下。

1. 考核要求

（1）本题分值：15 分。

（2）考核时间：15 分钟。

（3）考核形式：笔试 + 实操。

（4）具体考核要求：

①考生用感观法或燃烧法对 3 块标样分别进行鉴别。

②鉴别每块面料的颜色、面料名称和纤维种类，并将鉴定结果分别写在“面料鉴别答题表”中的各项栏内。

③考生在限定考核时间内完成。

（5）否定项说明：

若考生发生下列情形之一，则应及时终止其考试，考生该试题成绩记为零分。

①用燃烧法进行鉴别时，将试题标样全部燃烧掉，或危及其他面料。

②用燃烧法进行鉴别时，发生火情、造成危险。

2. 面料鉴别答题表

面料鉴别答题表

准考证号______________ 姓名__________ 单位______________

------------------此线以上密封------------------

说明：

1. 请准确填写面料标样序号。
2. 按表中要求分别填写鉴定标样的面料颜色、面料名称、纤维种类三项内容。
3. 请用钢笔或签字笔填写，不得用红色笔。

标样序号	面料颜色	配分	得分	面料名称	配分	得分	纤维种类	配分	得分	合计	
										配分	得分
1		1			2			2		5	
2		1			2			2		5	
3		1			2			2		5	
合计		3			6			6		15	

开始时间　　　　结束时间　　　　实际用时

监考员　　　　考评员　　　　考评组长

年　月　日

3. 配分与评分标准

序号	考核要点	考核要求	配分	评分标准
1	面料颜色	正确答出面料颜色	3	答错一项扣除 1 分
2	面料名称	正确答出面料名称	6	答错一项扣除 2 分
3	纤维成分	正确答出面料纤维种类	6	答错一项扣除 2 分
合　计			15	
否定项		若考生发生下列情形之一，则应及时终止其考试，考生该试题成绩记为零分。 1. 用燃烧法进行鉴别时，将试题标样全部燃烧掉，或危及其他面料。 2. 用燃烧法进行鉴别时，发生火情、造成危险。		

试题：鉴别面料

准备要求

（1）考场准备：

设备设施准备：

序号	品　名	规格或型号	单位	数量	备　注
1	涤棉混纺织物	5 cm × 10 cm	块	1	
2	粘丝美丽绸	5 cm × 10 cm	块	1	
3	锦丝绸	5 cm × 10 cm	块	1	

续表

序号	品　名	规格或型号	单位	数量	备　注
4	卡纸	10 ㎝×20 ㎝	张	3	
5	钉书机		个	1	
6	签字笔	黑色	支	1	将面料钉在纸上用
7	桌子		张	1	卡纸上写编号用
8	椅子		把	1	
9	面料鉴别答题表		张	1	

说明：

①本项考核共有涤棉、人造纤维、合成纤维 3 种面料标样，每块面料标样满分为 5 分，共计 15 分，每块标样的评分标准一样。

②将每种标样（3 种）分别钉在卡纸上，并且标注标样编号。

③以上准备为一个考生用量。

（2）考生准备：

①钢笔或签字笔，不准是红色的。

②打火机或火柴。

◆ 织物去渍

本鉴定点下共有八道考核试题，各试题的考核要求和配分与评分标准如下。

1. 考核要求

（1）考生首先正确鉴定污渍、面料纤维及颜色。

（2）考生先选择好去渍剂再进行操作。

（3）考生按去渍的操作程序进行去渍操作。

（4）从去渍剂选择、去渍效果、面料颜色变化、面料质地 4 个方面进行考核评定。

2. 配分与评分标准

序号	考核内容	考核要点	配分	评分标准	鉴定结果	扣分	应得分
1	去渍剂选择	正确选用药剂。	2	去渍剂选择错误扣除 2 分。			
2	去渍效果	处理干净无污渍、无印痕。	3	1. 有残留污渍扣 3 分； 2. 有印痕扣 1～2 分。			
3	颜色变化	面料颜色无变化、无印痕。	3	损伤底色扣 1～3 分。			
4	面料质地	面料质地有无损伤。	2	1. 面料轻微起毛扣 1 分； 2. 面料有损伤扣 2 分。			
合计			10				
否定项		若考生发生下列情形之一，则应及时终止其考试，考生该试题成绩记为零分。 1. 污渍未能去除。 2. 面料严重脱色。 3. 面料质地损坏。					

说明：

考生可以自带去渍剂，但必须提前登记备案，并经监考员同意后使用。

试题 1　去除白涤棉平布上的食用油渍

1. 准备要求

（1）考场准备：

设备设施准备：

序号	名　称	型号或规格	单位	数量	备　注
1	带有食用油渍的白涤棉平布	15 cm × 15 cm	块	1	
2	酒精	卫生级	毫升	50	
3	汽油	120#	毫升	50	
4	去渍剂	进口、国产均可	套	1	考生也可自带，但须考前经考评员批准备案。
5	肥皂		条	1	
6	碳酸钠	工业级	克	50	
7	醋酸	工业级	毫升	50	
8	保险粉		克	50	
9	去渍台		台	1	或工作台（70 cm × 180 cm）
10	去渍盆	φ30 cm	个	2	
11	去渍杯	500 毫升	个	3	
12	热水		升	2	
13	清水	室温	升	4	

说明：

①试题面料上的污渍，考评员应在考前≥4 小时制作。

②以上准备为一个考生用量。

（2）考生准备：

①工作服、手套等劳保用品。

②去渍刷、毛巾、刮板等去渍用具，如考生自备去渍剂，则须提前登记备案。

2. 考核要求

（1）本题分值：10 分。

（2）本题考核时间：15 分钟。

（3）考核形式：实际操作。

（4）具体考核要求：

①考生首先正确鉴定污渍、面料纤维及颜色。

②考生先选择好去渍剂再进行操作。

③考生按去渍的操作程序进行去渍操作。

④从去渍剂选择、去渍效果、面料颜色变化、面料质地 4 个方面进行考核评定。

(5) 否定项说明：

若考生发生下列情形之一，则应及时终止其考试，考生该试题成绩记为零分。

①污渍未能去除。

②面料严重脱色。

③面料质地损坏。

试题 2 去除毛料衣物上的咖啡渍

1. 准备要求

(1) 考场准备：

设备设施准备：

序号	名 称	型号或规格	单位	数量	备 注
1	带有咖啡渍的灰色毛凡尔丁	15 cm × 15 cm	块	1	
2	氨水	化学纯	毫升	50	
3	酒精	卫生级	毫升	50	
4	去渍剂	进口、国产均可	套	1	考生可自带
5	肥皂		条	1	
6	碳酸钠	工业级	克	50	
7	醋酸	工业级	毫升	50	
8	保险粉		克	50	
9	去渍刷		把	1	
10	去渍台		台	1	或工作台（70 cm × 180 cm）
11	去渍盆	φ30 cm	个	2	
12	去渍杯	500 毫升	个	3	
13	热水		升	2	
14	清水	室温	升	4	

说明：

①试题面料上的污渍，考评员应在考前≥4 小时制作。

②以上准备为一个考生用量。

(2) 考生准备：

①工作服、手套等劳保用品。

②去渍刷、毛巾、刮板等去渍用具。

2. 考核要求

(1) 本题分值：10 分。

(2) 本题考核时间：15 分钟。

（3）考核形式：实际操作。

（4）具体考核要求：

①考生首先正确鉴定污渍、面料纤维及颜色。

②考生先选择好去渍剂再进行操作。

③考生按去渍的操作程序进行去渍操作。

④从去渍剂选择、去渍效果、面料颜色变化、面料质地4个方面进行考核评定。

（5）否定项说明：

若考生发生下列情形之一，则应及时终止其考试，考生该试题成绩记为零分。

①污渍未能去除。

②面料严重脱色。

③面料质地损坏。

试题3　去除丝绸衣物上的蓝色圆珠笔油渍

1. 准备要求

（1）考场准备：

设备设施准备：

序号	名　称	型号或规格	单位	数量	备　注
1	带有蓝色圆珠笔油渍的真丝双绉	15 cm×15 cm	块	1	
2	次氯酸钠	工业级	毫升	50	
3	酒精	卫生级	毫升	50	
4	去渍剂	进口、国产均可	套	1	考生可自带
5	肥皂		条	1	
6	碳酸钠	工业级	克	50	
7	醋酸	工业级	毫升	50	
8	保险粉		克	50	
9	去渍刷		把	1	
10	去渍台		台	1	或工作台（70 cm×180 cm）
11	去渍盆	ф30 cm	个	2	
12	去渍杯	500毫升	个	3	
13	热水		升	2	
14	清水	室温	升	4	

说明：

①试题面料上的污渍，考评员应在考前≥4小时制作。

②以上准备为一个考生用量。

（2）考生准备：

①工作服、手套等劳保用品。
②去渍刷、毛巾、刮板等去渍用具。
2. 考核要求
（1）本题分值：10 分。
（2）本题考核时间：15 分钟。
（3）考核形式：实际操作。
（4）具体考核要求：
①考生首先正确鉴定污渍、面料纤维及颜色。
②考生先选择好去渍剂再进行操作。
③考生按去渍的操作程序进行去渍操作。
④从去渍剂选择、去渍效果、面料颜色变化、面料质地 4 个方面进行考核评定。
（5）否定项说明：
若考生发生下列情形之一，则应及时终止其考试，考生该试题成绩记为零分。
①污渍未能去除。
②面料严重脱色。
③面料质地损坏。

试题 4　去除浅色丝绸面料上的水果汁渍

1. 准备要求
（1）考场准备：
设备设施准备：

序号	名　称	型号或规格	单位	数量	备　注
1	带有水果汁渍的浅色丝绸面料	15 cm×15 cm	块	1	
2	柠檬酸	化学纯	克	50	
3	酒精	卫生级	毫升	50	
4	去渍剂	进口、国产均可	套	1	考生可自带
5	肥皂		条	1	
6	碳酸钠	工业级	克	50	
7	醋酸	工业级	毫升	50	
8	保险粉		克	50	
9	去渍刷		把	1	
10	去渍台		台	1	或工作台（70 cm×180 cm）
11	去渍盆	φ30 cm	个	2	
12	去渍杯	500 毫升	个	3	
13	热水		升	2	
14	清水	室温	升	4	

说明：

①试题面料上的污渍，考评员应在考前≥4 小时制作。

②以上准备为一个考生用量。

（2）考生准备：

①工作服、手套等劳保用品。

②去渍刷、毛巾、刮板等去渍用具。

2. 考核要求

（1）本题分值：10 分。

（2）本题考核时间：15 分钟。

（3）考核形式：实际操作。

（4）具体考核要求：

①考生首先正确鉴定污渍、面料纤维及颜色。

②考生先选择好去渍剂再进行操作。

③考生按去渍的操作程序进行去渍操作。

④从去渍剂选择、去渍效果、面料颜色变化、面料质地 4 个方面进行考核评定。

（5）否定项说明：

若考生发生下列情形之一，则应及时终止其考试，考生该试题成绩记为零分。

①污渍未能去除。

②面料严重脱色。

③面料质地损坏。

试题 5　去除涤丝绸面料上的紫药水渍

1. 准备要求

（1）考场准备：

设备设施准备：

序号	名　称	型号或规格	单位	数量	备　注
1	带有紫药水渍的浅色涤丝绸面料	15 ㎝ × 15 ㎝	块	1	
2	草酸	工业级	克	20	
3	酒精	卫生级	毫升	50	
4	去渍剂	进口、国产均可	套	1	考生可自带
5	肥皂		条	1	
6	碳酸钠	工业级	克	50	
7	醋酸	工业级	毫升	50	
8	保险粉		克	50	

续表

序号	名　称	型号或规格	单位	数量	备　注
9	去渍刷		把	1	
10	去渍台		台	1	或工作台（70 cm×180 cm）
11	去渍盆	φ30 cm	个	2	
12	去渍杯	500 毫升	个	3	
13	热水		升	2	
14	清水	室温	升	4	

说明：

①试题面料上的污渍，考评员应在考前≥4 小时制作。

②以上准备为一个考生用量。

（2）考生准备：

①工作服、手套等劳保用品。

②去渍刷、毛巾、刮板等去渍用具。

2. 考核要求

（1）本题分值：10 分。

（2）本题考核时间：15 分钟。

（3）考核形式：实际操作。

（4）具体考核要求：

①考生首先正确鉴定污渍、面料纤维及颜色。

②考生先选择好去渍剂再进行操作。

③考生按去渍的操作程序进行去渍操作。

④从去渍剂选择、去渍效果、面料颜色变化、面料质地 4 个方面进行考核评定。

（5）否定项说明：

若考生发生下列情形之一，则应及时终止其考试，考生该试题成绩记为零分。

①污渍未能去除。

②面料严重脱色。

③面料质地损坏。

试题 6　去除白棉布上的鞋油

1. 准备要求

（1）考场准备：

设备设施准备：

序号	名　称	型号或规格	单位	数量	备　注
1	带有鞋油污渍的白色纯棉布	15 cm×15 cm	块	1	
2	汽油	120#	毫升	50	
3	酒精	卫生级	毫升	50	
4	去渍剂	进口、国产均可	套	1	考生可自带
5	肥皂		条	1	
6	碳酸钠	工业级	克	50	
7	醋酸	工业级	毫升	50	
8	保险粉		克	50	
9	去渍刷		把	1	
10	去渍台		台	1	或工作台（70 cm×180 cm）
11	去渍盆	ϕ30 cm	个	2	
12	去渍杯	500 毫升	个	3	
13	热水		升	2	
14	清水	室温	升	4	

说明：

①试题面料上的污渍，考评员应在考前≥4 小时制作。

②以上准备为一个考生用量。

（2）考生准备：

①工作服、手套等劳保用品。

②去渍刷、毛巾、刮板等去渍用具。

2. 考核要求

（1）本题分值：10 分。

（2）本题考核时间：15 分钟。

（3）考核形式：实际操作。

（4）具体考核要求：

①考生首先正确鉴定污渍、面料纤维及颜色。

②考生先选择好去渍剂再进行操作。

③考生按去渍的操作程序进行去渍操作。

④从去渍剂选择、去渍效果、面料颜色变化、面料质地 4 个方面进行考核评定。

（5）否定项说明：

若考生发生下列情形之一，则应及时终止其考试，考生该试题成绩记为零分。

①污渍未能去除。

②面料严重脱色。

③面料质地损坏。

试题7　去除浅色丝绸面料上的口红渍

1. 准备要求

（1）考场准备：

设备设施准备：

序号	名　称	型号或规格	单位	数量	备　注
1	带有口红渍的浅色丝绸面料	15 ㎝×15 ㎝	块	1	
2	香蕉水	化学纯	毫升	50	
3	酒精	卫生级	毫升	50	
4	去渍剂	进口、国产均可	套	1	考生可自带
5	肥皂		条	1	
6	碳酸钠	工业级	克	50	
7	醋酸	工业级	毫升	50	
8	保险粉		克	50	
9	去渍刷		把	1	
10	去渍台		台	1	或工作台（70 ㎝×180 ㎝）
11	去渍盆	ϕ30 ㎝	个	2	
12	去渍杯	500 毫升	个	3	
13	热水		升	2	
14	清水	室温	升	4	

说明：

①试题面料上的污渍，考评员应在考前≥4 小时制作。

②以上准备为一个考生用量。

（2）考生准备：

①工作服、手套等劳保用品。

②去渍刷、毛巾、刮板等去渍用具。

2. 考核要求

（1）本题分值：10 分。

（2）本题考核时间：15 分钟。

（3）考核形式：实际操作。

（4）具体考核要求：

①考生首先正确鉴定污渍、面料纤维及颜色。

②考生先选择好去渍剂再进行操作。

③考生按去渍的操作程序进行去渍操作。

④从去渍剂选择、去渍效果、面料颜色变化、面料质地 4 个方面进行考核评定。

（5）否定项说明：

若考生发生下列情形之一，则应及时终止其考试，考生该试题成绩记为零分。

①污渍未能去除。

②面料严重脱色。

③面料质地损坏。

试题8　去除涤/棉布上的酱油渍

1. 准备要求

（1）考场准备：

设备设施准备：

序号	名　称	型号或规格	单位	数量	备　注
1	带有酱油渍的白色涤/棉布	15 cm × 15 cm	块	1	
2	氨水	化学纯	毫升	50	
3	酒精	卫生级	毫升	50	
4	去渍剂	进口、国产均可	套	1	考生可自带
5	肥皂		条	1	
6	碳酸钠	工业级	克	50	
7	醋酸	工业级	毫升	50	
8	保险粉		克	50	
9	去渍刷		把	1	
10	去渍台		台	1	或工作台（70 cm × 180 cm）
11	去渍盆	ϕ30 cm	个	2	
12	去渍杯	500 毫升	个	3	
13	热水		升	2	
14	清水	室温	升	4	

说明：

①试题面料上的污渍，考评员应在考前≥4 小时制作。

②以上准备为一个考生用量。

（2）考生准备：

①工作服、手套等劳保用品。

②去渍刷、毛巾、刮板等去渍用具。

2. 考核要求

（1）本题分值：10 分。

（2）本题考核时间：15 分钟。

（3）考核形式：实际操作。

（4）具体考核要求：

①考生首先正确鉴定污渍、面料纤维及颜色。

②考生先选择好去渍剂再进行操作。

③考生按去渍的操作程序进行去渍操作。

④从去渍剂选择、去渍效果、面料颜色变化、面料质地 4 个方面进行考核评定。

（5）否定项说明：

若考生发生下列情形之一，则应及时终止其考试，考生该试题成绩记为零分。

①污渍未能去除。

②面料严重脱色。

③面料质地损坏。

◆ 鉴定点：水洗织物

本鉴定点下共有三道试题，各试题的考核要求和配分与评分标准如下。

试题 1　机器水洗彩色台布

1. 准备要求

（1）考场准备：

设备设施准备：

序号	名　称	型号与规格	单位	数量	备　注
1	工业洗衣机	≥15 公斤型	台	1	
2	彩色台布	餐厅用后的脏品	公斤	洗衣机容量 ×70%	
3	洗涤剂	彩色台布型	公斤	2	
4	彩漂剂		公斤	2	
5	乳化剂		公斤	1	
6	中和剂		公斤	1	
7	软水剂		公斤	0. 5	
8	PH 试纸		本	1	
9	上、下水源				与洗衣机配套
10	蒸汽源				与洗衣机配套
11	电源				与洗衣机配套
12	存布车		辆	1	
13	台秤	≥10 公斤	台	1	
14	胶布手套	耐酸碱	双	1	
15	去渍剂	进口、国产均可	套	1	考生可自带
16	工作台	70 cm ×180 cm	个	1	或去渍台
17	水盆	ϕ32 cm	个	2	
18	热水				

（2）考生准备：

①工作服等劳保用品。

②去渍刷、毛巾、刮板、棉签等去渍用具。

2. 考核要求

（1）本题分值：53 分。

（2）本题考核时间：60 分钟。

（3）考核形式：实操。

（4）具体考核要求：

①用水洗机洗涤一车餐厅用彩色台布。

②考生按选用水洗机容量的大小，设计洗涤装载量，并由监考员记录备案。

③洗涤工艺和用料由考生自行设计选择，并告知监考员备案。

④洗涤效果最后由考评员评判。

（5）否定项说明：

若考生发生下列情况之一，则应及时终止其考试，考生该试题成绩记为零分。

①选用次氯酸钠漂白液，用量超过 10%，且温度超 95℃，PH 值≥14 时。

②被洗物严重破损、撕裂，失去使用价值。

③因操作错误，造成机器损坏，或人员伤残事故。

3. 配分与评分标准

序号	考核内容	考核要点	配分	评分标准	鉴定结果	扣分	应得分
1	准备工作	按照脏净程度进行分检，按机器容量的 70%～80% 核定装载量。	5	1. 不按脏净分检扣 2 分； 2. 载重量不准确扣 2 分。			
2	预处理	洗前去除杂物、特殊污渍。	5	1. 未去除杂物扣 2 分； 2. 未去除特殊污渍扣 3 分。			
3	洗涤剂选择	选用洗床单用强力洗涤剂、漂白粉、乳化剂和中和剂。	5	1. 每选错 1 项扣除 2 分； 2. 最多扣除 5 分。			
4	洗涤工艺	预洗、冷，3 分钟——中脱、排水——主洗，80～85℃，20～30 分钟——中脱、排水——漂白，70～75℃，10～15 分钟——中脱、排水——过水，50℃，3 分钟——过水，40℃，3 分钟——过水、冷，3 分钟——中和，40℃，5 分钟——甩干	15	1. 设定程序每少一项扣 3 分； 2. 每道环节设定温度不正确，每处扣 2 分； 3. 每道环节，设定时间不正确每处扣 2 分； 4. 总扣分最多 15 分。			
5	质量鉴定	无污渍、不泛灰。	23	1. 污渍每处扣 3 分； 2. 根据泛灰程度扣除 2～10 分，最多扣 10 分。			
合　计			53				
否定项	若考生发生下列情况之一，则应及时终止其考试，考生该试题成绩记为零分。 1. 用次氯酸钠漂白液，其用量超过 10%，且温度超过 90℃，PH 值 >14 时。 2. 被洗物严重破损、撕裂，失去使用价值。 3. 因操作错误造成机器损坏，或人员伤残事故。						

试题2 手工水洗羽绒服

1. 准备要求

(1) 考场准备：

设备设施准备：

序号	名 称	型号或规格	单位	数量	备 注
1	服装	深色锦纶绸羽绒服	件	1	
2	洗涤剂	通用型洗衣粉	克	100	
3	去渍剂		套	1	考生可自带
4	衣领净		瓶/500克	1	
5	洗衣板	70 ㎝ ×180 ㎝	块	1	
6	漂洗水容器	≥80立升	个	3	
7	醋酸	工业级	毫升	100	
8	脱水机		台	1	正常使用的（接有电源）
9	热水	70～80℃	升	100	
10	自来水				
11	场地	下水道、普通照明			

(2) 考生准备：

①工作服等劳保用品。

②洗衣刷。

③去渍刷、刮板等去渍用具。

2. 考核要求

(1) 本题分值：53分。

(2) 考核时间：40分钟。

(3) 考核形式：实操。

(4) 具体考核要求：

①考生运用刷洗的方法洗一件深色锦纶绸羽绒服。

②考生做好洗前准备工作。

③考生按洗涤程序、操作要求进行洗涤操作。

④洗后衣物要达到质量标准。

⑤按考生在实操中的洗前处理、洗涤程序、操作要求及洗后质量进行评定。

(5) 否定项说明：

若考生发生下列情形之一，则应及时终止其考试，考生该试题成绩记为零分。

①被洗物严重破损或附件损坏。

②有严重羽绒外露现象。

③有严重搭色、串色现象。

3. 配分与评分表

序号	主要内容	考核要点	配分	评分标准	鉴定结果	扣分	应得分
1	准备工作	1. 溶解洗涤剂100克； 2. 根据衣物情况选择40℃～50℃； 3. 水量不超过衣物重量的5倍。	4	1. 洗涤剂用量不准确扣除2分； 2. 水温不正确扣除2分； 3. 水量不准确扣除2分。			
2	预处理	1. 重点污垢进行预去渍； 2. 领口袖口等重点部位进行预去污处理； 3. 洗前浸泡，3～5分钟。	5	1. 不进行预去渍扣除5分； 2. 去渍剂选择不当或领口袖口，未作处理扣2分； 3. 不作洗前浸泡扣2分。			
3	手工刷洗	1. 衣物在洗板上要铺平； 2. 按刷洗规程顺序刷洗； 3. 用力均匀； 4. 无漏刷部位。	10	1. 洗板上铺衣不平扣除5分； 2. 上下刷洗顺序不当扣除5分； 3. 内外顺序不当扣除5分； 4. 用力不均匀扣除7分； 5. 出现漏刷部位扣除2～8分。			
4	漂洗1	1. 手工温水漂洗不低于2次； 2. 肩、肘、领子、下摆等重点部位用手挤压污水； 3. 漂洗后脱水2～3分钟。	4	1. 漂洗时间不够扣除1分； 2. 不挤压污水扣除1分； 3. 漂洗后不脱水扣除2分。			
5	漂洗2	1. 手工温水漂洗不低于2分钟； 2. 肩、肘、领子、下摆等重点部位用手挤压污水； 3. 漂洗后脱水2～3分钟。	4	1. 漂洗时间不够扣除1分； 2. 不挤压污水扣除1分； 3. 漂洗后不脱水扣除2分。			
6	酸洗	1. 手工酸洗；醋酸用量20～40毫升； 2. 酸洗时间不低于3分钟； 3. 对肩、肘、领子、下摆等重点部位用手挤压污水。	4	1. 不进行酸洗扣除4分；醋酸用量不正确扣除2分； 2. 漂洗时间不够扣除1分； 3. 不挤压污水扣除1分。			
7	脱水	1. 脱水时衣物摆放均匀； 2. 脱水时间不少于5分钟。	2	1. 衣物摆放不均匀扣除2分； 2. 脱水时间不够扣除2分。			
8	晾干	晾晒前手工拍打蓬松。	2	未能拍打蓬松扣除3分。			
9	洗后质量	1. 不花、不绺； 2. 无污渍； 3. 无圈渍印； 4. 绒絮蓬松； 5. 无跑绒现象。	18	1. 有一处花、绺扣2分； 2. 有一处污渍扣2分； 3. 有一处圈渍印扣2分； 4. 絮绒不蓬松扣4分； 5. 有跑绒现象扣4分。			
合　计			53				
否定项		若考生发生下列情形之一，则应及时终止其考试，考生该试题成绩记为零分。 1. 被洗物严重破损。 2. 有严重羽绒外露现象。 3. 有严重搭色、串色现象。					

试题3 手工刷洗纯棉衬衫

1. 准备要求

(1) 考场准备:

设备设施准备:

序号	名 称	型号或规格	单位	数量	备 注
1	白色纯棉衬衫	穿用过的脏衣	件	1	
2	洗涤剂	通用	克	50	
3	去渍剂		套	1	
4	洗衣板	70 cm×180 cm	块	1	
5	水桶	≥50 立升	个	3	
6	水盆	ϕ40 cm	个	1	
7	醋酸	工业级	毫升	50	
8	碳酸钠	工业级	克	50	
9	大毛巾	白色、洁净≥60 cm×120 cm	条	2	
10	脱水机		台	1	正常使用的(接有电源)
11	水源、排水道、普通照明				

(2) 考生准备:

①工作服等劳保用品。

②洗衣刷。

③去渍刷等去渍用具。

2. 考核要求

(1) 本题分值:53 分。

(2) 考核时间:40 分钟。

(3) 考核形式:实操。

(4) 具体考核要求:

①考生运用刷洗的方法洗一件白色纯棉衬衫。

②考生做好洗前准备工作。

③考生按洗涤程序、操作要求进行洗涤操作。

④洗后衣物要达到质量标准。

⑤从考生的洗前准备洗涤程序、操作要求及洗涤质量进行评定。

(5) 否定项说明:

若考生发生下列情形之一,则应及时终止其考试,考生该试题成绩记为零分。

①被洗物严重破损。

②被洗物出现严重花绺现象。

3. 配分与评分表

序号	考核内容	考核要点	配分	评分标准	鉴定结果	扣分	应得分
1	准备工作	1. 检查衬衫污染程度； 2. 正确选择洗涤剂及助剂； 3. 正确选择工具、用具。	4	1. 对衬衫的污染程度判断不准扣1分； 2. 洗涤剂选错扣2分； 3. 洗涤助剂选错扣2分； 4. 工具选择不当扣2分。			
2	预处理	1. 洗前冷水浸泡； 2. 重点污垢进行预去渍。	4	1. 不做洗前浸泡扣1分； 2. 去渍剂选择不当扣2分； 3. 不做预去渍处理扣1分。			
3	手工洗涤	1. 合理运用"三平"、"虚刷"、"带液"的基本技术； 2. 刷洗顺纹路，用力要均匀； 3. 无漏洗部位； 4. 无二次污染。	15	1. 基本技术运用不协调扣4分； 2. 技术动作不规范扣4分； 3. 有漏洗部位扣2分； 4. 出现二次污染扣2分。			
4	漂洗1	1. 水温不超过40℃； 2. 重复技术动作不少于2次； 3. 打把拧绞准确无伤。	4	1. 使用冷水漂洗扣1分； 2. 水温过高扣2分； 3. 打把技术错误扣1分。			
5	漂洗2	1. 冷水漂洗； 2. 重复技术动作不少于2次； 3. 打把拧绞准确无伤。	3	1. 重复技术动作少于2次扣2分； 2. 打把技术错误扣1分； 3. 漂洗不净扣1分。			
6	酸洗	1. 酸液配制比例为10mg/L； 2. 酸洗时间为2～3分钟； 3. 浸、挤技术动作不少于2次。	4	1. 酸液比例不准扣1分； 2. 酸洗时间低于2分钟扣1分； 3. 技术动作不规范扣2分。			
7	脱水	1. 衬衫要均匀摆放、团挤； 2. 脱水时间不少于3分钟。	2	1. 未均匀摆放、团挤扣除1分； 2. 脱水时间不足或过长扣除1分。			
8	干燥	1. 采用挂晾自然干燥法； 2. 晾晒前手工轻轻蓬抖。	2	1. 晾晒不规范扣1分； 2. 未经蓬抖整理扣1分。			
9	洗后质量	1. 不泛灰 2. 无污渍	15	1. 色泽泛灰扣5分； 2. 有一处污渍扣2分。			
合　计			53				
否定项		若考生发生下列情形之一，则应及时终止其考试，考生该试题成绩记为零分。 1. 被洗物严重破损。 2. 被洗物出现严重花绺现象。					

◆ 鉴定点：干洗织物

本鉴定点下共有两道试题，各试题的考核要求和配分与评分标准如下。

试题 1　干洗精纺纯毛花呢西装

1. 准备要求

（1）考场准备：

设备设施准备：

序号	名　称	型号与规格	单位	数量	备　注
1	干洗机	10 公斤型干洗机	台	1	四氯乙烯或碳氢溶剂
2	服装	精纺纯毛花呢西装	套	1	
3	干洗助剂		毫升	50	
4	工作台	70 cm × 180 cm	个	1	
5	去渍刷		个	1	考生自备
6	去渍剂	套装去渍剂	套	1	允许考生自备
7	塑料烧杯	500 毫升	个	3	
8	水盆	φ32 cm	个	2	
9	大毛巾	白色、洁净。	块	1	
10	其他工具	棉签、滴管、刮板等 。			考生自备

（2）考生准备：

2. 考核要求

（1）本题分值：53 分。

（2）考核时间：60 分钟。

（3）考核形式：实操。

（4）具体考核要求：

①考生要做好洗前检查、去渍。

②考生正确操作机器。

③考生选择正确的洗涤程序进行操作。

④对考生的洗前准备，程序制定及洗后质量等项目进行评定。

（5）否定项说明：

若考生发生下列情形之一，则应及时终止其考试，考生该试题成绩记为零分。

①服装出现破损。

②因操作错误造成机器损坏，或人员伤残事故。

③干洗剂大量外流，造成污染。

3. 配分与评分标准

序号	主要内容	考核要求	配分	评分标准	鉴定结果	扣分	应得分
1	准备工作	检查设备状况：水源、电源、各种阀门状态是否正确。	8	1. 不检查水源、电源每项扣除2分； 2. 不检查阀门状态扣除4分。			
2	预处理	检查重点污垢并进行预去渍。	10	1. 不检查重点污垢扣除5分； 2. 不进行预去渍扣除5分。			
3	设置程序	设定干洗程序： 洗涤(8～12分钟) —脱液(3～5分钟) —烘干(30～45分钟)。	25	1. 设定程序不正确每项扣除3分； 2. 设定程序时间不正确每项扣除5分共计15分。			
4	洗后去渍	检查并去除残留水溶性污垢。	8	1. 不检查扣除3分； 2. 不去除残留水溶性污垢扣除2分。			
5	出车整理	出车、抖散衣物，挂上衣架。	2	1. 出车不抖散扣除1分； 2. 挂衣架不稳妥扣除1分。			
合　计			53				
否定项		若考生发生下列情形之一，则应及时终止其考试，考生该试题成绩记为零分。 1. 服装出现破损。 2. 因操作错误造成机器损坏，或人员伤残事故。 3. 干洗剂大量外流，造成污染。					

试题2　干洗浅色纯毛服装

1. 准备要求

(1) 考场准备

设备设施准备：

序号	名　称	型号或规格	单位	数量	备　注
1	干洗机	≥10公斤，全封闭式已安装使用的	台	1	
2	服装	浅色纯毛服装	公斤	按机器适宜容量准备	
3	干洗助剂	枧油		按1%准备	
4	干洗油	D级四氯乙烯或DF2000碳氢干洗油			机器储油缸内存有经过滤清洁后的
5	放衣车（架）		辆	1	
6	台秤	≥10公斤	台	1	
7	去渍台		个	1	或70 cm×180 cm工作台
8	去渍剂	国产或进口	套	1	考生可自带
9	热水				
10	水盆	ϕ32 cm	个	1	

（2）考生准备：

①工作服等劳保用品。

②去渍刷、毛巾、刮板、棉签等去渍用具。

2. 考核要求

（1）本题分值：53 分。

（2）考核时间：60 分钟。

（3）考核形式：实操。

（4）具体考核要求：

①考生用四氯乙烯或碳氢干洗机干洗浅色纯毛服装。

②按干洗机容量大小设计洗涤装载量。

③合理设定洗涤工艺。

④正确添加干洗助剂。

⑤洗后衣物无污渍、不泛灰、不变形、不变色、无异味。

（5）否定项说明：

若考生发生下列情形之一，则应及时终止考试，考生该题考试成绩记为零分。

①洗后衣服完全变形或严重损坏。

②干洗剂大量外溢，造成污染。

③因操作错误造成机器损坏或人员伤残事故。

3. 配分与评分标准

序号	考核内容	考核要点	配分	评分标准	鉴定结果	扣分	应得分
1	预处理	洗前检查、去除污渍、处理饰物。	10	1. 洗前不检查分类扣 2 分； 2. 洗前不去渍扣 5 分。			
2	干洗	二浴工艺流程：低液位、泵循环、洗 2 ~ 3 分钟—中脱，1 分钟—高液位过滤循环，洗 5 ~ 7 分钟—高脱，2 ~ 4 分钟—烘干，55℃ ~ 60℃，25 ~ 35 分钟—脱臭冷却 3 ~ 4 分钟。	20	1. 液位应用错扣 5 分； 2. 循环方式不对扣 5 分； 3. 各工序中每一小项有误扣 2 分，最多扣除 20 分。			
3	洗后处理	检查、去渍。	5	1. 洗后不作检查扣 2 分； 2. 不去渍处理扣 3 分。			
4	质量鉴定	无污渍、不泛灰、不变形、不变色、无异味。	18	1. 洗后有渍每处扣 5 分； 2. 洗后泛灰扣 10 分； 3. 洗后色变扣 10 分； 4. 洗后变形不得分； 5. 有异味扣 5 分。			
合　计			53				
否定项		若考生发生下列情形之一，则应及时终止其考试，考生该试题成绩记为零分。 1. 洗后衣服完全变形或严重损坏。 2. 干洗剂大量外溢，造成污染。 3. 因操作错误造成机器损坏，或人员伤残事故。					

◆ 熨烫织物

本鉴定点共有三道试题，各试题的考核要求和配分与评分标准如下。

试题 1　手工熨烫真丝衬衫

1. 准备要求

（1）考场准备：

设备设施准备：

序号	品　名	规格或型号	单位	数量	备　注
1	服装	洗涤后的真丝衬衫	件	1	
2	烫台	多功能整烫台	台	1	
3	熨斗	蒸汽电热熨斗	把	1	
4	电源				与烫台配套
5	热蒸汽				与烫台配套
6	衣架		个	1	
7	水桶	≥25 立升	个	1	

（2）考生准备：

工作服等劳保用品。

2. 考核要求

（1）本题分值：22 分。

（2）考核时间：20 分钟。

（3）考核形式：实操。

（4）具体考核要求：

①考生用多功能整烫台熨烫真丝衬衫一件。

②考生按操作程序正确操作。

③熨烫后的衣服要达到质量要求。

④鉴定考生的准备情况及熨烫质量。

（5）否定项说明：

如若考生发生下列情况之一，应及时终止其考试，考生该试题成绩记为零分。

①服装出现破损。

②服装出现烫伤。

3. 配分与评分标准

序号	考核内容	考核要点	配分	评分标准	鉴定结果	扣分	应得分
1	准备要求	1. 检查烫台功能并做清洁整理； 2. 检查熨斗部件功能并做底板清洁整理； 3. 检查服装有无伤残污渍； 4. 拍打丝绵衣。	4	1. 未做烫台功能检查和清洁整理扣1分； 2. 未做熨斗部件功能检查和底板清洁扣1分； 3. 未对服装进行检查扣1分； 4. 丝绵絮不蓬松均匀扣1分。			
2	领子	领子整体平整、圆顺、对称。	5	1. 领子不平扣2分； 2. 领子不圆顺扣1分； 3. 领子不对称扣2分。			
3	肩部	两肩平服。	2	一处不平扣2分。			
4	袖子	衣袖烫成圆筒型，沿腋下接缝处压平、袖口平挺圆活，男装袖放在衣服前面。	5	1. 衣袖烫后型状不对扣1分； 2. 腋下接缝不平扣1分； 3. 袖口压扁扣1分； 4. 男装袖未放在衣服前面扣1分。			
5	前襟	前襟贴边平整齐直，衣摆平整齐直、袋口线条拉直。	3	1. 前襟贴边不平扣1分； 2. 衣摆不平扣1分。			
6	钮扣部位	钮扣部位不留印痕。	1	留有印痕扣2分。			
7	悬挂整理	1. 整体悬挂平服自然； 2. 两前身长短一致。	2	1. 悬挂不平扣1分； 2. 两前身长短不一扣1分。			
合计			22				
否定项		若考生发生下列情形之一，则应及时终止其考试，考生该试题成绩记为零分。 1. 服装出现破损。 2. 服装出现烫伤。					

试题2 手工熨烫涤棉男衬衫

1. 准备要求

(1) 考场准备：

设备设施准备：

序号	品 名	规格或型号	单位	数量	备 注
1	服装	洗涤后的涤棉男衬衫	件	1	
2	烫台	多功能整烫台	台	1	
3	熨斗	蒸汽电热熨斗	把	1	
4	电源				与烫台配套
5	热蒸汽				与烫台配套
6	衣架		个	1	
7	水桶	≥25 立升	个	1	

（2）考生准备：

工作服等劳保用品。

2. 考核要求

（1）本题分值：22 分。

（2）考核时间：20 分钟。

（3）考核形式：实操。

（4）具体考核要求：

①考生用多功能整烫台熨烫涤棉男衬衫一件。

②考生按操作程序正确操作。

③熨烫后的衣服要达到质量要求。

④鉴定考生的准备情况及熨烫质量。

（5）否定项说明：

如若考生发生下列情况之一，应及时终止其考试，考生该试题成绩记为零分。

①服装出现破损。

②服装出现烫伤。

3. 配分与评分标准

序号	考核内容	考核要点	配分	评分标准	鉴定结果	扣分	应得分
1	准备要求	1. 检查烫台功能并做清洁整理； 2. 检查熨斗部件功能并做底板清洁整理； 3. 检查服装有无伤残污渍； 4. 拍打丝绵衣。	4	1. 未做烫台功能检查和清洁整理扣 1 分； 2. 未做熨斗部件功能检查和底板清洁扣 1 分； 3. 未对服装进行检查扣 1 分； 4. 丝绵絮不蓬松均匀扣 1 分。			
2	领子	衣领对称；领角不翘，正、反面烫平呈自然孤形。	5	1. 领子不平扣 2 分； 2. 领子不圆顺扣 1 分； 3. 领子不对称扣 2 分。			
3	肩部	两肩平服。	2	一处不平扣 2 分。			
4	袖子	袖子齐缝线烫平，无皱褶，袖口平挺圆活。	5	1. 衣袖烫后型状不对扣 1 分； 2. 缝线处不平扣 1 分； 3. 有一处绉褶扣 1 分。			
5	前襟	前襟贴边平整齐直，衣摆平整齐直、袋口平服。	3	1. 前襟贴边不平扣 1 分； 2. 衣摆不平扣 1 分。			
6	钮扣部位	钮扣部位不留印痕。	1	留有印痕扣 1 分。			
7	悬挂整理	1. 整体悬挂平服自然； 2. 两前身长短一致。	2	1. 悬挂不平扣 1 分； 2. 两前身长短不一扣 1 分。			
合　计			22				
否定项		若考生发生下列情形之一，则应及时终止其考试，考生该试题成绩记为零分。 1. 服装出现破损。 2. 服装出现烫伤。					

试题3　手工熨烫纯毛精纺西服上衣

1. 准备要求

（1）考场准备：

设备设施准备：

序号	品　名	规格或型号	单位	数量	备　注
1	服装	纯毛精纺西服上衣	件	1	
2	烫台	多功能整烫台	台	1	
3	熨斗	蒸汽电热熨斗	把	1	
4	电源				与烫台配套
5	热蒸汽				与烫台配套
6	衣架		个	1	
7	水桶	≥25 立升	个	1	

（2）考生准备：

①馒头（即肩垫）。

②烫布。

2. 考核要求

（1）本题分值：22 分。

（2）考核时间：20 分钟。

（3）考核形式：实操。

（4）具体考核要求：

①考生用多功能整烫台熨烫纯毛精纺西服上衣一件。

②考生按操作程序正确操作。

③熨烫后的衣服要达到质量要求。

④鉴定考生的准备情况及熨烫质量。

（5）否定项说明：

若考生发生下列情形之一，则应及时终止其考试，考生该试题成绩记为零分。

①服装出现破损。

②服装出现烫伤。

3. 配分与评分标准

序号	考核内容	考核要点	配分	评分标准	鉴定结果	扣分	应得分
1	准备	1. 检查烫台，并做清洁； 2. 检查熨斗并做清洁、预热； 3. 检查服装有无伤残及污渍。	1	1. 未做清洁扣 1 分； 2. 未预热扣 1 分； 3. 未检查有无伤残、污渍扣 1 分。			

续表

序号	考核内容	考核要点	配分	评分标准	鉴定结果	扣分	应得分
2	整体造型	胸、腰、胯、肘曲线分明。	3	线条不清扣2分。			
3	挺括度	水分充足、熨烫干燥、挺括平整	2	整体不平挺扣2分。			
4	领子	板圆角正，两侧对称；双排扣全压平，单排扣下端圆顺留5～6 cm。	2	1. 领子不平扣2分； 2. 领子不对称扣2分； 3. 双排扣领子压不平或单排扣下端不圆顺扣2分，此项最多扣2分。			
5	袖子	平挺圆括：男式前圆后压过肘，女式全圆。	3	一处不合格扣2分。			
6	后身	平挺、开气不裂、不翘。	1	一处不平扣1分，最多扣1分。			
7	前身	平挺无收缩、胸部凸出，挂面垂直。	2	一处不平扣1分，最多扣2分。			
8	下摆	平直并压死。	1	不平直扣1分。			
9	衬、垫肩	平挺无抽缩，位置正确。	1	不平整扣1分。			
10	肩	平挺、圆活。	1	不平整扣1分。			
11	袋口	平直、合拢。	1	不平整扣1分。			
12	袋盖	平挺、不翘。	1	袋盖翘扣1分。			
13	里子	无抽缩、无褶。	1	里子抽缩扣1分。			
14	无亮光	各部位不能烫出亮光。	1	一处亮光扣1分。			
15	分缝线	身缝、袖缝全部分开。	1	缝线未分开烫平扣1分。			
合　计			22				
否定项		若考生发生下列情形之一，则应及时终止其考试，考生该试题成绩记为零分。 1. 服装出现破损。 2. 服装出现烫伤。					

皮革制品的洗涤保养

◆ 皮革制品的洗涤

本鉴定点下共有两道考核试题，各试题的考核要求和配分与评分标准如下。

试题1　机器干洗苯胺革皮衣

1. 准备要求

（1）考场准备：

设备设施准备：

序号	名 称	型号与规格	单位	数 量	备 注
1	干洗机	全封闭式 10 公斤干洗机	台	1	四氯乙烯或碳氢溶剂
2	服装	苯胺革皮衣	件	1	
3	皮衣干洗助剂				允许考生自备
4	皮衣去渍剂				允许考生自备
5	工作台	70 ㎝ ×180 ㎝	台	1	
6	塑料烧杯		个	3	
7	毛巾	白色、洁净	条	2	
8	衣架		个	1	

（2）考生准备：

①工作服等劳保用品。

②去渍刷及其他去渍用具。

2. 考核要求

（1）本题分值：50 分。

（2）考核时间：60 分钟。

（3）考核形式：实操。

（4）具体考核要求：

①考核使用干洗机洗涤苯胺革皮衣。

②考生要做好洗前检查、去渍。

③考生正确操作机器。

④考生选择正确的洗涤程序进行操作。

⑤对考生的洗前准备，程序制定及洗后质量等项目进行评定。

（5）否定项说明：

若考生发生下列情形之一，则应及时终止其考试，考生该试题成绩记为零分。

①服装出现破损。

②因操作错误造成机器损坏、或人员伤残事故。

③干洗剂大量外流，造成污染。

3. 配分与评分标准

序号	主要内容	考核要点	配 分	评 分 标 准	鉴定结果	扣分	应得分
1	准备工作	检查设备，电源，水源以及各项阀门。	5	准备工作缺一项扣除 2 分。			
2	洗前处理	对钮扣、附件等进行保护或去掉处理，预去渍。	5	漏一项扣除 2 分。			

续表

序号	主要内容	考核要点	配分	评分标准	鉴定结果	扣分	应得分
3	装机洗涤	设定程序：低速（5～32转/分）洗，小循环，1～2分钟—低速洗，大循环，3～5分钟—高脱（240～280转/分），1～2分钟—烘干，≤40℃，40～50分钟—排臭，冷却至20℃，加入干洗助剂。	20	1. 时间不正确扣除5分； 2. 烘干时间不准确扣除5分； 3. 烘干温度不合理扣除5分； 4. 助剂用量不准确扣除5分。			
4	出车整理	进行平整整理。	5	不整理扣除5分。			
5	洗后质量	1. 革面柔软； 2. 不花、不绺； 3. 无污斑。	15	1. 革面不柔软扣5分； 2. 有一处花、绺扣5分； 3. 有一处污斑扣5分。			
合计			50				
否定项		若考生发生下列情形之一，则应及时终止其考试，考生该试题成绩记为零分。 1. 服装出现破损。 2. 因操作错误造成机器损坏、或人员伤残事故。 3. 干洗剂大量外流，造成污染。					

试题2　手工清洗浅棕色苯胺革皮衣

1. 准备要求

（1）考场准备：

设备设施准备：

序号	名　称	型号与规格	单位	数量	备　注
1	服装	浅棕色苯胺革皮衣	件	1	
2	工作台	70 cm×180 cm	台	1	
3	去渍剂	皮革专用	套	1	考生可自备
4	塑料烧杯	500毫升	个	3	
5	皮衣清洗剂				考生可自备
6	衣里洗涤剂				考生可自备
7	毛巾		条	2	

（2）考生准备：

①工作服等劳保用品。

②去渍刷及其他去渍用具。

2. 考核要求

(1) 本题分值：50 分。

(2) 考核时间：60 分钟。

(3) 考核形式：实操。

(4) 具体考核要求：

①考核用手工清洗浅棕色苯胺革皮衣。

②考生要做好洗前检查、去渍。

③考生选择正确的去渍剂、清洗剂，自带要经监考同意，并登记备案。

④考生选择正确的洗涤程序进行操作。

⑤对考生的洗前准备、程序制定及洗后质量等项目进行评定。

(5) 否定项说明：

若考生发生下列情形之一，则应及时终止考试，考生该题考试成绩记为零分。

①服装出现破损。

②皮质变硬。

3. 配分与评分标准

序号	主要内容	考核要点	配分	评分标准	鉴定结果	扣分	应得分
1	准备工作	准备原料物料，检查衣物。	5	缺一项扣除 5 分。			
2	破损修补	检查，修补。	5	缺一项扣除 5 分。			
3	皮面清洗	1. 依照领子—挂面—底边—左前身—后身—右前身—双袖的顺序清洗皮面； 2. 要求按照三平一匀操作； 3. 清洗剂：用料准确。	20	1. 程序不正确错一项扣除 3 分； 2. 未按照三平一匀操作扣除 5 分； 3. 清洗剂使用不当扣除 5 分。			
4	衣里清洗	1. 要求按照三平一匀操作； 2. 清洗剂：用料准确； 3. 垫板隔离防止洗涤水沾染皮面。	15	1. 未按照三平一匀操作扣除 3 分； 2. 清洗剂使用不当扣除 3 分； 3. 皮面发生沾染扣除 4 分。			
5	干燥	干燥前进行整理，无变形。	5	错一项扣除 5 分。			
合计			50				
否定项		若考生发生下列情形之一，则应及时终止考试，考生该题考试成绩记为零分。 1. 服装出现破损。 2. 皮质变硬。					

◆ 皮革制品的保养

本鉴定点有一道试题，本试题的考核要求和配分与评分标准如下。

试题 手工涂饰保养浅棕色光面革皮夹克

1. 准备要求

(1) 考场准备:

设备设施准备:

序号	名 称	型号或规格	单位	数量	备 注
1	光面革皮夹克	浅棕色	件	1	
2	染料水	红、黄、黑三种颜色	毫升	3×50	
3	楷光浆	红、黄、黑三种颜色	克	3×50	
4	树脂	丙烯酸型、或聚酯型(软、硬二型号)	毫升	2×100	
5	手感剂		毫升	50	
6	光亮剂		毫升	50	
7	工作台	70 cm×180 cm	块	1	
8	调色盒	φ20 cm	个	3	
9	小勺		个	3	
10	量杯	100 毫升	个	3	
11	大衣架	≥80 cm	个	1	或用1米~1.6米竹杆

(2) 考生准备:

①工作服、围裙等劳保用品。

②涂刷工具、电吹风机等用品。

2. 考核要求

(1) 本题分值:50 分。

(2) 考核时间:40 分钟。

(3) 考核形式:实操。

(4) 具体考核要求:

①考生用手工涂饰方法涂刷一件浅棕色光面革皮夹克。

②考生自己配料、调色。

③考生可以选用自带的皮革化料,但必须经监考员同意登记备案。

(5) 否定项说明:

若考生发生下列情形之一,则应及时终止其考试,考生该试题成绩记为零分。

①由于操作错误,造成服装严重破损。

②服装衬里及其他饰物发生大面积沾污。

③工作台面出现大面积沾污,不能再继续使用。

④涂层干、湿磨擦牢度≤1 级。

3. 配分与评分标准

序号	考核内容	考核要点	配分	评分标准	鉴定结果	扣分	应得分
1	色泽	色光自然纯正	5	1. 色差2级扣3分； 2. 色差1级扣2分； 3. 色泽不自然扣2分。			
2	柔软度	手触舒适柔软	10	手触硬挺扣4分。			
3	手感	表面滑爽、不粘	5	1. 表面粗糙扣2分； 2. 手摸发粘扣2分。			
4	板形	板形平整	5	1. 有褶、绉一处扣1分； 2. 板形不平整扣5分。			
5	涂层	涂层均匀一致	10	涂层薄厚不均扣4分。			
6	涂层外观	无刷痕、无流浆	5	1. 有一处刷痕扣1分； 2. 有一处流浆扣2分。			
7	沾污情况	衬里、口袋里无沾染	5	有一处≥0.1 cm沾污扣1分。			
8	涂层牢度	抗干磨性及湿擦性牢度≥3级	5	1. 抗干、湿磨擦牢度2级扣4分； 2. 抗干、湿磨擦牢度≥1级扣8分。			
合计			50				
否定项		若考生发生下列情形之一，则应及时终止其考试，考生该试题成绩记为零分。 1. 由于操作错误，造成服装严重破损。 2. 服装衬里及其他饰物发生大面积沾污。 3. 工作台面出现大面积沾污，不能再继续使用。 4. 涂层干、湿磨擦牢度≤1级。					

第十一部分

操作技能考核模拟样卷

中级洗衣师操作技能考核模拟试卷

职业技能鉴定国家题库试卷

洗衣师（织物制品的洗涤、整理）中级操作技能考核准备通知单（考场）

试题1

序号	名称	型号或规格	单位	数量	备注
1	白色纯棉衬衫	穿用过的脏衣	件	1	
2	洗涤剂	通用	克	50	
3	去渍剂		套	1	
4	洗衣板	70 ㎝ ×180 ㎝	块	1	
5	水桶	≥50 立升	个	3	
6	水盆	ϕ40 ㎝	个	1	
7	醋酸	工业级	毫升	50	
8	碳酸钠	工业级	克	50	
9	大毛巾	白色、洁净≥60 ㎝ ×120 ㎝	条	2	
10	脱水机		台	1	正常使用的（接有电源）
11	水源、排水道、普通照明				

试题 2

序号	名　称	型号或规格	单位	数量	备　注
1	带有咖啡渍的灰色毛凡尔丁	15 cm × 15 cm	块	1	
2	氨水	化学纯	毫升	50	
3	酒精	卫生级	毫升	50	
4	去渍剂	进口、国产均可	套	1	考生可自带
5	肥皂		条	1	
6	碳酸钠	工业级	克	50	
7	醋酸	工业级	毫升	50	
8	保险粉		克	50	
9	去渍刷		把	1	
10	去渍台		台	1	或工作台（70 cm × 180 cm）
11	去渍盆	ϕ30 cm	个	2	
12	去渍杯	500 毫升	个	3	
13	热水		升	2	
14	清水	室温	升	4	

说明：

①试题面料上的污渍，考评员应在考前≥4 小时制作。

②以上准备为一个考生用量。

试题 3

序号	品　名	规格或型号	单位	数量	备　注
1	服装	洗涤后的真丝衬衫	件	1	
2	烫台	多功能整烫台	台	1	
3	熨斗	蒸汽电热熨斗	把	1	
4	电源				与烫台配套
5	热蒸汽				与烫台配套
6	衣架		个	1	
7	水桶	≥25 立升	个	1	

职业技能鉴定国家题库试卷

洗衣师（织物制品的洗涤、整理）中级操作技能
考核准备通知单（考生）

姓名：__________　　准考证号：__________　　单位：__________

试题 1　手工刷洗纯棉衬衫

（1）工作服等劳保用品。

（2）洗衣刷。

（3）去渍刷等去渍用具。

试题 2　去除毛料衣物上的咖啡渍

（1）工作服、手套等劳保用品。

（2）去渍刷、毛巾、刮板等去渍用具。

试题 3　手工熨烫真丝衬衫

（考场准备）

单位名称

姓名

准考证号

地区

考生答题不准超过此线

职业技能鉴定国家题库试卷

洗衣师（织物制品的洗涤、整理）中级操作技能考核试卷

注　意　事　项

一、本试卷依据2002年颁布的《洗衣师 国家职业标准》命制

二、本试卷试题如无特别注明，则为全国通用

三、请考生仔细阅读试题的具体考核要求，并按要求完成操作或进行笔答或口答

四、操作技能考核时要遵守考场纪律，服从考场管理人员指挥，以保证考核安全顺利进行

试题1　手工刷洗纯棉衬衫

（1）本题分值：30分。

（2）考核时间：40分钟。

（3）考核形式：实操。

（4）具体考核要求：

① 考生运用刷洗的方法洗一件白色纯棉衬衫。

② 考生做好洗前准备工作。

③ 考生按洗涤程序、操作要求进行洗涤操作。

④ 洗后衣物要达到质量标准。

⑤ 从考生的洗前准备洗涤程序、操作要求及洗涤质量进行评定。

（5）否定项说明：若考生发生下列情形之一，则应及时终止其考试，考生该试题成绩记为零分。

① 被洗物严重破损。

② 被洗物出现严重花绺现象。

试题2　去除毛料衣物上的咖啡渍

（1）本题分值：35分。

（2）本题考核时间：15分钟。

（3）考核形式：实际操作。

（4）具体考核要求：

① 考生首先正确鉴定污渍、面料纤维及颜色。

② 考生先选择好去渍剂再进行操作。

③ 考生按去渍的操作程序进行去渍操作。

④ 从去渍剂选择、去渍效果、面料颜色变化、面料质地 4 个方面进行考核评定。

（5）否定项说明：

若考生发生下列情形之一，则应及时终止其考试，考生该试题成绩记为零分。

① 污渍未能去除。

② 面料严重脱色。

③ 面料质地损坏。

试题 3　手工熨烫真丝衬衫

（1）本题分值：35 分。

（2）考核时间：20 分钟。

（3）考核形式：实操。

（4）具体考核要求：

① 考生用多功能整烫台熨烫真丝衬衫一件。

② 考生按操作程序正确操作。

③ 熨烫后的衣服要达到质量要求。

④ 鉴定考生的准备情况及熨烫质量。

（5）否定项说明：

如若考生发生下列情况之一，应及时终止其考试，考生该试题成绩记为零分。

① 服装出现破损。

② 服装出现烫伤。

职业技能鉴定国家题库试卷

洗衣师（织物制品的洗涤、整理）中级操作技能考核评分记录表

总　成　绩　表

序号	试 题 名 称	配分	得分	权重	最后得分	备注
1	手工刷洗纯棉衬衫	30				
2	去除毛料衣物上的咖啡渍	35				
3	手工熨烫真丝衬衫	35				
合　计		100				

统分人：　　　　　　　　　　　　　　　　年　月　日

试题 1　手工刷洗纯棉衬衫

序号	考核内容	考核要点	配分	评分标准	鉴定结果	扣分	得分
1	准备工作	1. 检查衬衫污染程度； 2. 正确选择洗涤剂及助剂； 3. 正确选择工具、用具。	4	1. 对衬衫的污染程度判断不准扣 1 分； 2. 洗涤剂选错扣 2 分； 3. 洗涤助剂选错扣 2 分； 4. 工具选择不当扣 2 分。			
2	预处理	1. 洗前冷水浸泡； 2. 重点污垢进行预去渍。	4	1. 不做洗前浸泡扣 1 分； 2. 去渍剂选择不当扣 2 分； 3. 不做预去渍处理扣 1 分。			
3	手工洗涤	1. 合理运用“三平”、“虚刷”、“带液”的基本技术； 2. 刷洗顺纹路，用力要均匀； 3. 无漏洗部位； 4. 无二次污染。	15	1. 基本技术运用不协调扣 4 分； 2. 技术动作不规范扣 4 分； 3. 有漏洗部位扣 2 分； 4. 出现二次污染扣 2 分。			
4	漂洗 1	1. 水温不超过 40℃； 2. 重复技术动作不少于 2 次； 3. 打把拧绞准确无伤。	4	1. 使用冷水漂洗扣 1 分； 2. 水温过高扣 2 分； 3. 打把技术错误扣 1 分。			
5	漂洗 2	1. 冷水漂洗； 2. 重复技术动作不少于 2 次； 3. 打把拧绞准确无伤。	3	1. 重复技术动作少于 2 次扣 2 分； 2. 打把技术错误扣 1 分； 3. 漂洗不净扣 1 分。			
6	酸洗	1. 酸液配制比例为 10mg/L； 2. 酸洗时间为 2 ~ 3 分钟； 3. 浸、挤技术动作不少于 2 次。	4	1. 酸液比例不准扣 1 分； 2. 酸洗时间低于 2 分钟扣 1 分； 3. 技术动作不规范扣 2 分。			
7	脱水	1. 衬衫要均匀摆放、团挤； 2. 脱水时间不少于 3 分钟。	2	1. 未均匀摆放、团挤扣除 1 分； 2. 脱水时间不足或过长扣除 1 分。			
8	干燥	1. 采用挂晾自然干燥法； 2. 晾晒前手工轻轻蓬抖。	2	1. 晾晒不规范扣 1 分； 2. 未经蓬抖整理扣 1 分。			
9	洗后质量	1. 不泛灰； 2. 无污渍。	15	1. 色泽泛灰扣 5 分； 2. 有一处污渍扣 2 分。			
合　计			53				
否定项	若考生发生下列情形之一，则应及时终止其考试，考生该试题成绩记为零分。 1. 被洗物严重破损。 2. 被洗物出现严重花绺现象。						

评分人：　　　　　　　　　　年　月　日　　　　　　　核分人：　　　　　　　　　　年　月　日

试题 2 去除毛料衣物上的咖啡渍

序号	考核内容	考核要点	配分	评分标准	鉴定结果	扣分	应得分
1	去渍剂选择	正确选用药剂。	2	去渍剂选择错误扣除 2 分。			
2	去渍效果	处理干净无污渍、无印痕。	3	1. 有残留污渍扣 3 分； 2. 有印痕扣 1 ~ 2 分。			
3	颜色变化	面料颜色无变化、无印痕。	3	损伤底色扣 1 ~ 3 分。			
4	面料质地	面料质地有无损伤。	2	1. 面料轻微起毛扣 1 分； 2. 面料有损伤扣 2 分。			
合 计			10				
否定项		若考生发生下列情形之一，则应及时终止其考试，考生该试题成绩记为零分。 1. 污渍未能去除。 2. 面料严重脱色。 3. 面料质地损坏。					

说明：

考生可以自带去渍剂，但必须提前登记备案，并经监考员同意后使用。

试题 3 手工熨烫真丝衬衫

序号	考核内容	考核要点	配分	评分标准	鉴定结果	扣分	应得分
1	准备要求	1. 检查烫台功能并做清洁整理； 2. 检查熨斗部件功能并做底板清洁整理； 3. 检查服装有无伤残污渍； 4. 拍打丝绵衣。	4	1. 未做烫台功能检查和清洁整理扣 1 分； 2. 未做熨斗部件功能检查和底板清洁扣 1 分； 3. 未对服装进行检查扣 1 分； 4. 丝绵絮不蓬松均匀扣 1 分。			
2	领子	领子整体平整、圆顺、对称。	5	1. 领子不平扣 2 分； 2. 领子不圆顺扣 1 分； 3. 领子不对称扣 2 分。			
3	肩部	两肩平服。	2	一处不平扣 2 分。			
4	袖子	衣袖烫成圆筒型，沿腋下接缝处压平、袖口平挺圆活，男装袖放在衣服前面。	5	1. 衣袖烫后型状不对扣 1 分； 2. 腋下接缝不平扣 1 分； 3. 袖口压扁扣 1 分。 4. 男装袖未放在衣服前面扣 1 分。			
5	前襟	前襟贴边平整齐直，衣摆平整齐直、袋口线条拉直。	3	1. 前襟贴边不平扣 1 分； 2. 衣摆不平扣 1 分。			
6	钮扣部位	钮扣部位不留印痕。	1	留有印痕扣 2 分。			

续表

序号	考核内容	考核要点	配分	评分标准	鉴定结果	扣分	应得分
7	悬挂整理	1. 整体悬挂平服自然； 2. 两前身长短一致。	2	1. 悬挂不平扣1分； 2. 两前身长短不一扣1分。			
合　计			22				
否定项	若考生发生下列情形之一，则应及时终止其考试，考生该试题成绩记为零分。 1. 服装出现破损。 2. 服装出现烫伤。						

职业技能鉴定国家题库试卷

洗衣师（皮革制品的洗涤、保养）中级操作技能考核准备通知单（考场）

试题1　手工清洗浅棕色苯胺革皮衣

序号	名　称	型号与规格	单位	数量	备　注
1	服装	浅棕色苯胺革皮衣	件	1	
2	工作台	70 cm×180 cm	台	1	
3	去渍剂	皮革专用	套	1	考生可自备
4	塑料烧杯	500毫升	个	3	
5	皮衣清洗剂				考生可自备
6	衣里洗涤剂				考生可自备
7	毛巾		条	2	

试题2　手工涂饰保养浅棕色光面革皮夹克

序号	名　称	型号或规格	单位	数量	备　注
1	光面革皮夹克	浅棕色	件	1	
2	染料水	红、黄、黑三种颜色	毫升	3×50	
3	楷光浆	红、黄、黑三种颜色	克	3×50	
4	树脂	丙烯酸型、或聚酯型（软、硬二型号）	毫升	2×100	
5	手感剂		毫升	50	
6	光亮剂		毫升	50	
7	工作台	70 cm×180 cm	块	1	
8	调色盒	φ20 cm	个	3	
9	小勺		个	3	
10	量杯	100毫升	个	3	
11	大衣架	≥80 cm	个	1	或用1米~1.6米竹杆

职业技能鉴定国家题库试卷

洗衣师（皮革制品的洗涤、保养）中级操作技能考核准备通知单（考生）

姓名：__________　　准考证号：__________　　单位：__________

试题1　手工清洗浅棕色苯胺革皮衣

（1）工作服等劳保用品。

（2）去渍刷及其他去渍用具。

试题2　手工涂饰保养浅棕色光面革皮夹克

（1）工作服、围裙等劳保用品。

（2）涂刷工具、电吹风机等用品。

单位名称 | 姓名 | 准考证号 | 地区

考生答题不准超过此线

职业技能鉴定国家题库试卷

洗衣师（皮革制品的洗涤、保养）中级操作技能考核试卷

注 意 事 项

一、本试卷依据2002年颁布的《洗衣师 国家职业标准》命制

二、本试卷试题如无特别注明，则为全国通用

三、请考生仔细阅读试题的具体考核要求，并按要求完成操作或进行笔答或口答

四、操作技能考核时要遵守考场纪律，服从考场管理人员指挥，以保证考核安全顺利进行

试题1　手工清洗浅棕色苯胺革皮衣

（1）本题分值：50分。

（2）考核时间：60分钟。

（3）考核形式：实操。

（4）具体考核要求：

① 考核用手工清洗浅棕色苯胺革皮衣。

② 考生要做好洗前检查、去渍。

③ 考生选择正确的去渍剂、清洗剂，自带要经监考同意，并登记备案。

④ 考生选择正确的洗涤程序进行操作。

⑤ 对考生的洗前准备，程序制定及洗后质量等项目进行评定。

（5）否定项说明：

若考生发生下列情形之一，则应及时终止考试，考生该题考试成绩记为零分。

① 服装出现破损。

② 皮质变硬。

试题2　手工涂饰保养浅棕色光面革皮夹克

（1）本题分值：50分。

（2）考核时间：40分钟。

（3）考核形式：实操。

（4）具体考核要求：

① 考生用手工涂饰方法涂刷一件浅棕色光面革皮夹克。

② 考生自己配料、调色。

③ 考生可以选用自带的皮革化料，但必须经监考员同意登记备案。

（5）否定项说明：若考生发生下列情形之一，则应及时终止其考试，考生该试题成绩记为零分。

① 由于操作错误，造成服装严重破损。

② 服装衬里及其他饰物发生大面积沾污。

③ 工作台面出现大面积沾污，不能再继续使用。

④ 涂层干、湿磨擦牢度≤1 级。

职业技能鉴定国家题库试卷

洗衣师（皮革制品的洗涤、保养）中级操作技能考核评分记录表

试题 1　手工清洗浅棕色苯胺革皮衣

序号	主要内容	考核要点	配分	评分标准	鉴定结果	扣分	应得分
1	准备工作	准备原料物料，检查衣物。	5	缺一项扣除 5 分。			
2	破损修补	检查，修补。	5	缺一项扣除 5 分。			
3	皮面清洗	1. 依照领子—挂面—底边—左前身—后身—右前身—双袖的顺序清洗皮面； 2. 要求按照三平一匀操作； 3. 清洗剂：用料准确。	20	1. 程序不正确错一项扣除 3 分； 2. 未按照三平一匀操作扣除 5 分； 3. 清洗剂使用不当扣除 5 分。			
4	衣里清洗	1. 要求按照三平一匀操作； 2. 清洗剂：用料准确； 3. 垫板隔离防止洗涤水沾染皮面。	15	1. 未按照三平一匀操作扣除 3 分； 2. 清洗剂使用不当扣除 3 分； 3. 皮面发生沾染扣除 4 分。			
5	干燥	干燥前进行整理，无变形。	5	错一项扣除 5 分。			
合　计			50				
否定项		若考生发生下列情形之一，则应及时终止考试，考生该题考试成绩记为零分。 1. 服装出现破损。 2. 皮质变硬。					

试题 2 手工涂饰保养浅棕色光面革皮夹克

序号	考核内容	考核要点	配分	评分标准	鉴定结果	扣分	得分
1	色泽	色光自然纯正。	5	1. 色差 2 级扣 3 分； 2. 色差 1 级扣 2 分； 3. 色泽不自然扣 2 分。			
2	柔软度	手触舒适柔软。	10	手触硬挺扣 4 分。			
3	手感	表面滑爽、不粘。	5	1. 表面粗糙扣 2 分； 2. 手摸发粘扣 2 分。			
4	板形	板形平整。	5	1. 有褶、绉一处扣 1 分； 2. 板形不平整扣 5 分。			
5	涂层	涂层均匀一致。	10	涂层薄厚不均扣 4 分。			
6	涂层外观	无刷痕、无流浆。	5	1. 有一处刷痕扣 1 分； 2. 有一处流浆扣 2 分。			
7	沾污情况	衬里、口袋里无沾染。	5	有一处≥0.1 ㎝沾污扣 1 分。			
8	涂层牢度	抗干磨性及湿擦性牢度≥3 级。	5	1. 抗干、湿磨擦牢度 2 级扣 4 分； 2. 抗干、湿磨擦牢度≥1 级扣 8 分。			
合 计			50				
否定项	若考生发生下列情形之一，则应及时终止其考试，考生该试题成绩记为零分。 1. 由于操作错误，造成服装严重破损。 2. 服装衬里及其他饰物发生大面积沾污。 3. 工作台面出现大面积沾污，不能再继续使用。 4. 涂层干、湿磨擦牢度≤1 级。						

评分人： 年 月 日 核分人： 年 月 日

专用于国家职业技能鉴定

国家职业技能鉴定培训教材和考试题库

中国就业培训技术指导中心
劳动和社会保障部职业技能鉴定中心
组织编写

全国统考职业培训教材

“企业文化师”国家职业资格培训教程

F8442	企业文化师基础知识	36.00 元
F8443	助理企业文化师	32.00 元
F8444	企业文化师	35.00 元
F8591	高级企业文化师	38.00 元
F0260	企业文化建设案例选编	39.00 元

“理财规划师”辅导教材

F8418	理财规划师考试指南	68.00 元
F8419	助理理财规划师考试指南	65.00 元

《国家职业技能鉴定考试指导手册》丛书

（考试题库）

综合类

（包括“操作技能”和“理论知识”两部分）

R0003	养老护理员（初级）	28.00 元
R0004	养老护理员（中级）	28.00 元
R0005	养老护理员（高级）	28.00 元
R0006	保育员（初级）	28.00 元

R0007	保育员（中级）	28.00 元
R0008	保育员（高级）	28.00 元
G0008	育婴员（初级）	28.00 元
G0009	育婴师（中级）	28.00 元
G0010	高级育婴师（高级）	28.00 元
TS0003	洗衣师（初级）	28.00 元
TS0004	洗衣师（中级）	28.00 元
TS0005	洗衣师（高级）	28.00 元
TB0001	冲印师（初级）	28.00 元
TB0002	冲印师（中级）	28.00 元
TB0003	冲印师（高级）	28.00 元
	摩托车修理工（初级）	估价：28.00 元
	摩托车修理工（中级）	估价：28.00 元
	摩托车修理工（高级）	估价：28.00 元

“理论知识”类

TS0134	营养配餐员（中级）	14.00 元
TS0135	营养配餐员（高级）	16.00 元
TB0002	摄影师（初级）	12.00 元
TB0003	摄影师（中级）	14.00 元
TB0004	摄影师（高级）	16.00 元
TS0130	眼镜定配工（初级）	12.00 元
TS0125	眼镜定配工（中级）	14.00 元
TS0126	眼镜定配工（高级）	16.00 元
TS0131	眼镜验光员（初级）	12.00 元
TS0132	眼镜验光员（中级）	14.00 元
TS0133	眼镜验光员（高级）	16.00 元
TS0122	调酒师（初级）	12.00 元
TS0123	调酒师（中级）	14.00 元
TS0124	调酒师（高级）	16.00 元
TG0001	加工中心操作工（中级）	14.00 元
TG0002	加工中心操作工（高级）	16.00 元
TG0003	组合机床操作工（初级）	12.00 元
TG0004	组合机床操作工（中级）	14.00 元

TG0005	组合机床操作工（高级）	16.00 元
TS0127	修脚师（初级）	12.00 元
TS0128	修脚师（中级）	14.00 元
TS0129	修脚师（高级）	16.00 元
F8059	前厅服务员（初级）	12.00 元
F8060	前厅服务员（中级）	14.00 元
F8061	前厅服务员（高级）	16.00 元
TN0004	音响调音员（初级）	12.00 元
TN0005	音响调音员（中级）	14.00 元
TN0006	音响调音员（高级）	16.00 元
TS0142	贵金属首饰手工制作工（初级）	12.00 元
TS0143	贵金属首饰手工制作工（中级）	14.00 元
TS0144	贵金属首饰手工制作工（高级）	16.00 元
TB0009	制图员（初级）	12.00 元
TB0010	制图员（中级）	14.00 元
TB0011	制图员（高级）	16.00 元

“操作技能”类

TG0009	加工中心操作工（中级）	14.00 元
TG0010	加工中心操作工（高级）	16.00 元
TB0005	摄影师（初级）	12.00 元
TB0006	摄影师（中级）	14.00 元
TB0007	摄影师（高级）	16.00 元
TG0006	装配钳工（初级）	12.00 元
TG0007	装配钳工（中级）	14.00 元
TG0008	装配钳工（高级）	16.00 元
F7040	前厅服务员（初级）	12.00 元
F7041	前厅服务员（中级）	14.00 元
F7042	前厅服务员（高级）	16.00 元
TN0001	音响调音员（初级）	12.00 元
TN0002	音响调音员（中级）	14.00 元
TN0003	音响调音员（高级）	16.00 元
TS0136	修脚师（初级）	12.00 元
TS0137	修脚师（中级）	14.00 元

TS0138	修脚师（高级）	16.00 元
TS0139	贵金属首饰手工制作工（初级）	12.00 元
TS0140	贵金属首饰手工制作工（中级）	14.00 元
TS0141	贵金属首饰手工制作工（高级）	16.00 元
	制图员（土建）（初级）	估价：12.00 元
	制图员（土建）（中级）	估价：14.00 元
	制图员（土建）（高级）	估价：16.00 元
	制图员（机械）（初级）	估价：12.00 元
	制图员（机械）（中级）	估价：14.00 元
	制图员（机械）（高级）	估价：16.00 元